안전하고
색다른 여행

안전하고 색다른 여행

초판 1쇄 | 2021년 5월 11일

지은이 | 이종원

발행인 | 유철상
기획 | 유철상
책임편집 | 이유나
편집 | 정예슬, 박다정, 정유진
디자인 | 노세희, 조연경, 주인지
마케팅 | 조종삼, 윤소담
콘텐츠 | 강한나

펴낸 곳 | 상상출판
주소 | 서울특별시 성동구 뚝섬로17가길 48, 성수에이원센터 1205호(성수동2가)
구입 · 내용 문의 | **전화** 02-963-9891 **팩스** 02-963-9892
전자우편 sangsang9892@gmail.com
등록 | 2009년 9월 22일(제305-2010-02호)
찍은 곳 | 다라니
종이 | ㈜월드페이퍼

※ 가격은 뒤표지에 있습니다.

ISBN 979-11-90938-65-5(13980)

www.esangsang.co.kr

• 재밌고 힐링이 가득한 여행지 •

안전하고 색다른 여행

이종원 지음

상상출판

순천 낙안읍성의 아침

군산 선유도

안색여행

안전하고 색다른 여행

여행은 취미가 아니라 생활이 되어야 한다고 강의 때 늘 주장했다. 그러나 코로나 폭탄에 내 몸마저 산산이 부서져 여행은커녕 집 밖을 나가는 것조차 두려워 마음의 상처는 자꾸 쌓여만 갔다. 폭발 직전, 탈출구로 찾은 곳이 가평의 잣향기푸른숲. 서울 근교에 이렇게 숲이 빼곡하고 향기 그윽한 곳이 또 있을까. 행복한 피톤치드의 주사 한 방으로 제대로 속병을 치료했다.

당장 코로나를 끝장내지 못할 바에야 이 전염병을 숙명으로 받아들이고 마음을 치유할 수 있는 여행지를 소개하는 것이 시대를 살아가는 여행작가의 소명이라 여겼다. 한국관광산업도 저가패키지투어에서 벗어나 브랜드 가치를 높이고 체질개선할 수 있는 기회로 삼아야 하겠다.

호주의 골드코스트가 그립다면 동해고속도로 옥계휴게소의 흔들의자에 앉아 옥계해변과 망상해변을 내려다보라. 장가계의 하늘을 찌를 듯한 기암괴석을 보겠다면 두타산 베틀바위 전망대에 서라. 코타키나발루의 노을을 품에 안고 싶다면 진도 세방낙조의 노을을 보고 감동의 눈물을 흘려 보라. 산티아고의 순례길은 기점·소악도의 섬티아고가 대신해 줄 것이다. 코펜하겐의 인어공주보다는 격포해변의 아줌마 인어공주가 더 사랑스럽다.
외국에 나가지 못할 상황이라면 그와 흡사한 국내 여행지를 찾아 대리만족을 하는 것도 코로나 시대 여행법이다.

대한민국에는 유니크한 여행지가 많다. 통영 매물도나 진도의 관매도에 가면 '여기 우리나라 맞아?'라는 말이 나올 정도로 독특한 풍경을 자랑한다. 또한 BTS의 팬클럽 아미가 한국에서 가장 가고 싶어 하는 곳은 양주 일영역, 주문진 항호해변, 완주 아원고택 등 BTS 앨범에 등장하는 곳이다. 외국인이 그토록 가고 싶어 하는 대한민국 여행지를 실컷 다니고 세계인에게 마음껏 뽐내라. 이것이야말로 코로나 시대 한국인의 특권이다.

이 책은 유명 여행지보다는 안전한 여행지 그리고 한적하면서도 자연친화적인 여행지를 엄선했으며, '대한민국에도 이런 곳이 있어?'라는 말이 나올 정도로 색다른 곳들이다.

보림사 티로드에 들어가면 특이하게도 비자숲 아래 차가 자라며, 강릉 안반데기의 어마어마한 배추밭에는 황무지를 개척하기 위한 산골 사람들의 눈물이 있다. 여인의 마음을 훔친 노만사의 노을은 어떠하랴. 아울러 코로나 시대를 겨냥한 무착륙관광비행에 대한 정보까지 실었다.

여행에서 만난 아름다운 사람들, 기발한 아이디어, 안타까운 사연 등 20편의 '길 위의 추억'도 양념처럼 뿌려 놓았다. 코로나 시대에 걸맞은 여행법과 요즘 가장 핫한 차박 여행의 매력과 장단점을 분석하고 차박의 준비물과 요령도 상세하게 담았다.
또 지면의 한계로 본문에는 올리지 못했지만 안전한 여행지 100선, 색다른 여행지 50선, 인생샷 & 포토존 명소 100선, 한국에서 즐기는 해외여행지 22선을 따로 리스트를 뽑아 권말 부록으로 담았다.

'안전한 여행지 100선'은 독특한 숲 여행지, 빼어난 산 그리고 눈 맛이 시원한 드라이브 여행지 등을 엄선했다. 단순한 나열이 아니라 거리와 시간, 꼭 봐야 할 여행지 등 특징과 정보를 끼워 넣었다.
'색다른 여행지 50선'은 서대문의 홍제유연, 의정부의 미술도서관, 광주의 전일빌딩 245, 동양에서 가장 긴 하동 짚와이어 등 최근에 개장한 여행지나 여행을 통해 기발한 아이디어를 얻을 수 있는 곳을 엄선했다.

SNS의 활성화로 멋진 사진을 찍고 싶은 욕망도 덩달아 늘고 있다. 이에 걸맞게 '인생샷 & 포토존 명소 100선'에는 인생샷을 찍을 수 있는 포토존 위치와 계절 등 필요한 정보를 담았으니 인스타그래머에게 도움이 될 것이다. 체크칸도 따로 만들었으니 대한민국 안색여행지 270여 곳을 체크하면서 다닌다면 코로나를 극복하는 데 작은 도움이 될 것이다.

안색여행의 주사 한 방으로 독자들의 안색이 환해지길 간절히 바란다.

2021. 4.

아늑한 나의 골방에서

차례

전북

전남

코로나 시대의 여행법

메르스와 사스를 이겨냈기에 코로나 역시 잠시 스쳐 갈 줄 알았다. 그러나 일년을 넘게 지구인들을 괴롭히고 여행 산업을 꽁꽁 얼어붙게 만들 줄은 감히 상상도 못 했다. 앞으로 우리가 백신 접종을 마쳐도 다른 나라의 안전이 보장되어야 비행기 트랩에 오를 수 있을 것 같다. 더구나 아시아인에 대한 증오범죄가 사라지지 않는 한 해외여행은 당분간 주저하게 될 것이다. 이것이 가장 우려되는 바다.

그렇다고 여행을 포기할 순 없다. 코로나블루로 인해 피폐해진 마음엔 여행만큼 확실한 치료제가 없기 때문이다. 여행은 우리를 리프레시하며 낯선 곳에서 자신을 발견하고 기발한 영감과 아이디어를 얻게 한다. 이런 가치와 편익을 이미 알고 있기에 여행을 멈출 수 없다. 당장 코로나가 종식되지 않는다면 코로나 시대를 받아들이고 이에 맞는 비대면 여행과 이색 테마 여행이 필요하겠다.

첫째, 여행지 선정은 안전이 최우선이 되어야 한다. 사람이 많은 밀집 여행지보다는 조용하고, 한적한 여행지를 찾아야 한다. 이를 테면 인적이 드문 소도시나 국립공원 그리고 산과 숲처럼 자연친화적인 여행지를 우선하는 것이다. 아무래도 숲 여행지의 최고는 자연휴양림이다. 특히 숲속 통나무집에서 하룻밤을 보낸다면 최고의 힐링이 된다. 숲나들e 홈페이지(www.foresttrip.go.kr)에서 전국 170여 곳의 휴양림 예약이 가능하다.

둘째, 단체여행보다는 가족이나 5인 이하의 소규모 지인 여행이 늘어날 것이다. 또한 차에서 내리지 않는 드라이브 여행도 관심을 끌 것이다. 원거리 이동보다는 근거리의 일상 속 여행이 늘면서 한동안 당일치기 여행이 선호될 것이다.

셋째, 안전한 숙박이 중요해졌다. 그래서 모텔이나 여관 등의 숙박시설보다 청결에 상대적 우위를 점한 럭셔리 특급호텔의 예약이 늘고 있다. 한편으론 사람들의 접촉을 최소화하기 위해 캠핑과 차박 여행도 폭발적으로 늘어나고 있다. 주말 캠핑장 예약은 하늘의 별 따기이며 차박 용품의 매출은 배 이상 늘었다.

넷째, 코로나로 인해 SNS 소통이 더 활발해져서 포토존이나 인생샷 명소에서의 사진 여행도 증가하는 추세다. 이와 더불어 로컬 맛집이나 독특한 카페 여행은 여전히 젊은이들의 관심사다.

다섯째, 해외여행이 원천적으로 막혔으니 이국적인 국내 여행지를 찾으면 된다. 산호섬 몰디브의 민트빛 물색이 그립다면 제주 우도의 산호사해변을 거닐며 잉크를 푼 것 같은 바다색에 취해 보라. 네덜란드의 거대한 튤립 꽃밭은 임자도해변에 펼쳐진 300만 송이 튤립 꽃밭이 대신해 줄 것이다. 6월말 쯤 평창 육백마지기의 마가렛 꽃밭을 보면 알프스의 초원과 야생화가 겹쳐진다. 샌프란시스코 금문교는 모양과 색깔이 흡

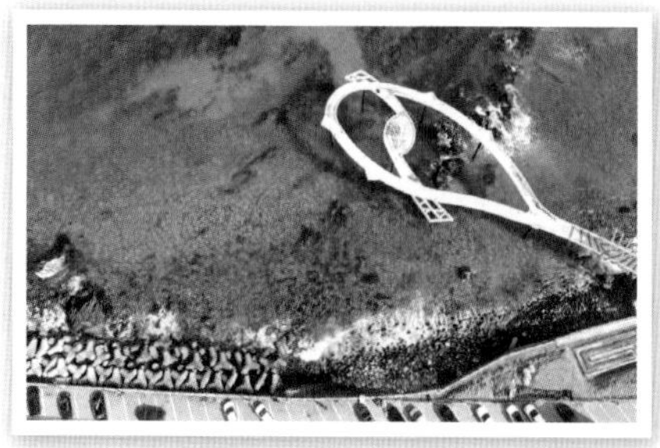

사한 남해대교가 대신해 줄 것이며 통영수산과학관에 서면 쪽빛 바다 위에 보석 같은 섬들이 흩어져 베트남 하롱베이 풍경을 연상케 한다. 코로나로 인해 해외여행이 어렵다면 이렇게 이국적인 국내 여행지를 찾아 대리만족을 하는 것도 코로나 시대 여행법이기도 하다.

여섯째, 유니크한 대한민국 관광지를 만끽하라. 한국에는 유니크한 여행지가 많다. 한양도성은 18.2km로 현존하는 전 세계 도성 중에서 가장 오랫동안(514년) 도성 기능을 수행한 성이다. 한국인이라면 한 바퀴 돌아야 하지 않을까? 통영 매물도나 진도의 관매도에 가면 '여기 우리나라 맞아?'라는 말이 나올 정도로 독특한 풍경을 자랑한다. 대전의 계족산 황톳길은 14.5km로 세계 최장의 황톳길로 자부심을 느끼며 걸어볼 만하다. 관광지에 몰입형 미디어아트를 접목한 통영의 디피랑과 제주의 아르떼 뮤지엄은 한국의 뛰어난 IT 기술을 오감으로 실감할 수 있다.

일곱째, 한국의 편의시설을 즐겨라. 지구상에 한국의 프리미엄 고속버스보다 더 시설 좋은 고속버스가 있다면 말해 보라. 의자를 160도 뒤로 젖히고 발을 쭉 뻗을 수 있으며, 무선 와이파이에 TV 모니터에는 100여 개의 위성채널 방송을 감상할 수 있다. 자신의 스마트폰과도 연계해 볼 수 있으며 무선 충전, 유선 충전 모두 가능하다. 유럽에서 화장실 한 번 이용하려면 1유로를 내야 하지만 대한민국 고속버스 휴게소처럼 공짜로 깨끗하면서 독창적인 인테리어를 가진 곳이 또 있는가? 세계 제일의 편의시설을 자랑스럽게 여기고 마음껏 즐겨라. 일본의 고속도로 톨게이트 비용은 상상을 초월할 정도로 비싸 감히 전국일주를 꿈꾸기 힘들다. 우리야 고속도로에 올라타 2시간만 달리면 속초에서 회를 먹을 수 있고, 3시간만 KTX를 타면 목포에서 민어회를 먹고 당일에 돌아올 수 있다. 코로나가 주는 위기가 어쩌면 우리 국토를 사랑하는 기회가 될 수 있다.

결론이다. 코로나 시대의 여행 테마는 등산, 숲 탐방, 섬 기행, 캠핑, 자전거 등 한적하면서 충분히 사색할 수 있는 여행지, 눈으로 보는 여행보다는 온몸으로 체감하는 여행이 될 것 같다.

현대인에게 스트레스는 만병의 근원이다. 이를 빨리 해결하지 않으면 몸과 마음이 피폐해질 수밖에 없다. 이를 이겨낼 수 있는 방안 3가지를 제시한다.

첫째, 초록 숲을 많이 보라. 초록이 주는 색감은 마음을 온순하게 해 준다. 특히 피톤치드가 많이 나는 편백나무나 삼나무 숲을 거니는 것을 권한다.

둘째, 파란 하늘을 보라. 울화가 치밀 때 잠시 한 템포 쉬고 창문을 열고 바람을 쐬며 청명한 하늘을 본다면 마음의 위안을 얻게 된다.

셋째, 너른 바다를 보라. 바다가 주는 엄청난 스케일과 넉넉함은 평온한 마음을 가져다준다.

이 3가지를 마음에 새기고 즐거운 마음으로 여행을 떠나 보자.

차박의 모든 것

코로나로 인해 타인과 접촉을 피하는 비대면 여행이 인기를 끌고 있다. 그중 캠핑을 최고로 뽑는데 캠핑 중에서도 자신의 차에서 숙식을 해결하는 것이 차박(차+숙박)이다. 산이나 강 그리고 해변 등 차를 세울 수 있는 곳이 곧 나만의 호텔이 된다. 삼척 맹방해수욕장, 새벽 동틀 무렵 테일게이트를 열었을 때, 보라색 하늘이 시시각각 변하면서 해가 불끈 떠오를 때의 감동을 난 잊을 수 없다. 안반데기 멍에전망대에서 한 가족이 돗자리에 누워 밤하늘의 별을 헤아리는 모습도 그렇게 아름다울 수 없었다. 이렇듯 자연과 가까이할 수 있다는 것이 차박의 가장 큰 매력이겠다.

차박의 매력

• 차를 주차할 수 있는 곳이 곧 나의 캠핑장이자 호텔이다. 발품을 팔면 세상에서 가장 멋진 곳에서 하루를 보낼 수 있다.

• 차박은 준비와 철수가 빠르다. 텐트를 펼치지 않고 차 안에서 잔다면 더욱 기동력을 발휘할 수 있다. 바깥에서 볼 때 차 안에 사람이 있는지 없는지 모를 정도로 표가 나지 않는 숙박을 '스텔스 차박'이라고 부른다. 짐이 가벼울수록 식사나 잠자리 준비가 수월하다.

• 차박을 하면 텐트에 비가 샐까 봐 걱정하지 않아도 되고 바람과 눈의 무게 때문에 텐트가 무너질 염려를 하지 않아도 된다. 이슬에 젖거나 비가 내리면 텐트를 말려야 하는데 차 안에서 잔다면 이런 고충은 자연스럽게 해결된다.

• 코로나 위험에서 어느 정도 안전할 수 있다. 많은 사람이 이용하는 리소트나 모텔 등 다중 밀집 공간이 아닐뿐더러 침구의 청결에 대한 불안함도 해소할 수 있다. 차에서 끼니를 해결하기 때문에, 마스크를 벗고 밥을 먹어야 하는 식당이나 카페보다는 안전을 확보할 수 있다.

• 여행비용을 절감할 수 있다. 여행경비 중 숙박비와 식비가 가장 큰 비중을 차지하는데 차박은 이 두 가지를 절감해 경비를 대폭 줄일 수 있다. 대신 하루 한 끼는 현지 식당을 이용하는 것을 권한다. 재래식 시장이나 장터에서 식재료를 구입해 요리를 해 먹으면 지역 경제에 도움이 된다.

• 예전에는 차박이 아빠의 전유물이었지만 요즘은 엄마의 주도하에 아이를 데리고 가는 모습이 종종 목격되고 있다.

• 차박은 아이들 교육에 좋다. 초록 숲에서

휴식하고 밤에 쏟아지는 별을 보는 것 자체가 살아있는 교육이다. **여행이야말로 최고의 사교육이다.**

차박의 단점

- 제대로 씻지 못하며 새벽에는 추워 숙면을 취하기 어렵다. 이런 불편함마저 여행의 일부분이라고 생각하고 기꺼이 받아들일 마음이 필요하다.
- 화장실은 차박의 가장 큰 어려움이자 고민거리다. 그래서 차박의 선택지 중 제1요소가 화장실의 존재 여부다. 대책은 있다. 휴대용 변기를 구입해 사용하는 것도 방법이다.

차박의 요령

- 안전한 장소를 확보하는 것이 중요하다. 오지나 너무 외떨어진 곳보다 차박 차량이 몇 대 있는 곳이 안전하다. 초보자라면 시설을 잘 갖춘 자연휴양림의 오토캠핑장, 국립공원 캠핑장을 권한다.
- 근처에 화장실과 세면대가 있는 곳을 차박 장소로 정하면 좋다.
- 평탄화 작업을 해야 한다. 차량 바닥의 수평은 숙면에 큰 역할을 한다. 요즘 차에 딱 맞는 맞춤 평탄 매트가 있지만 가격이 나간다. 대신 베니어 합판을 깔아도 된다. 너무 딱딱하면 등이 배기기 때문에 자충식 매트를 깔면 공기가 자동 충전되어 푹신하다.
- 4~10월이 차박의 적기다. 동계 차박은 난방에 신경 써야 하기에 그리 권하지 않는다. 차라리 겨울은 여행 비수기이기에 여관이나 호텔이 저렴하다.
- 여름 차박은 소형 선풍기, 모기장을 준비해야 한다. 테일게이트와 2열 좌석에 모기장을 설치하고 창문을 내리면 시원하다. USB 충전 배터리에 연결하는 전자 매트도 권한다.
- 겨울 차박은 준비할 것이 많다. 터널형 텐트를 설치하면 반드시 석유난로 등 난방기구를 준비해야 한다. 불 피우는 것 자체가 번거롭고 위험이 따른다. 취침할 때는 일산화탄소 경보기를 달아 만약의 사태에 대비해야 한다. 연료나 차량 전기에 연결하는 파워뱅크와 무시동 히터도 있지만 무게가 많이 나가고 또 차량에 무리를 줄 수 있으며 가격도 만만치 않다. 차라리 우모가 많이 들어간 침낭에 큼직한 핫팩 2장을 깔고 자면 추위를 이길 수 있다. 차량의 유리창 모양에 맞춰 종이 박스를 오려 붙이면 냉기를 막을 수 있으며 또 사생활 보호도 된다. 보조배터리에 연결하는 전기 온열 매트도 있지만 미지근한 편이다.
- 두꺼운 옷 하나를 입는 것보다 얇은 옷을 여러 겹 겹쳐 입는 것이 보온효과가 크다.

• 차박 장소로 너무 먼 곳을 찾는다면 금방 지치게 된다. 집에서 가까운 캠핑장을 찾아 차박의 재미를 서서히 끌어올리고 나서 먼 곳으로 가는 것을 권한다. 초보자들은 자연휴양림이나 국립공원 오토캠핑장 또는 충주 목계솔밭, 수주팔봉, 홍천의 모곡밤벌유원지, 강릉 순긋해변 등에서 차박을 시도해 보고 취향에 맞는다고 생각되면 본격적으로 장비를 구입하고 전국으로 확대해 나가면 된다.

식사

• 먹을 것을 많이 가져가면 요리하는 데 시간을 빼앗기고 짐도 늘어난다. 먹거리는 간단하게 준비하는 것이 좋다. 맞춤형 간편식을 이용하는 것도 방법이며 편의점에서 도시락을 사 먹는 것도 나쁘지 않다. 김치만 준비하고 밥은 즉석밥으로 해결하는 것도 괜찮다. 아침에는 간편식 해장국이나 누룽지를 끓여 먹는다. 단 지역 경제에 보탬이 되기 위해 하루 한 끼 이상은 현지 식당을 이용하는 것을 권한다. 그 지역의 향토음식을 맛보는 것도 여행의 기쁨이자 지역에 대한 최소한의 예의다.

차박 준비물

• 차량. 아무래도 넓은 공간의 SUV가 유리하다. 그러나 승용차나 경차를 이용하는 차박 차량도 볼 수 있다. 관건은 평탄화 작업. 차가 없다면 쏘카 등 공유자동차를 이용하는 것도 방법이다. 최소한의 캠핑 장비를 가져가는 미니멀 차박을 추천한다. 짐에 대한

부담이 없기 때문에 자주 떠나게 된다.

• 도킹 텐트. 가족이 2인 이상이라면 셸터 형태의 도킹 텐트를 펼치는 것이 좋다. 차량의 테일게이트에 연결해 터널형 공간을 확보할 수 있다. 이 공간에서는 요리와 식사를 할 수 있으며 야전침대를 놓으면 숙박까지 가능하다. 실은 이것도 일반 텐트를 펼치는 것만큼이나 시간과 공력이 든다. 그러나 1인 여행자라면 텐트를 펴지 않고 차량에서 숙식을 조용히 해결하는 스텔스 차박을 권한다.

• 1~2인용 팝업 텐트(5만 원 이내). 도킹 텐트를 펼치는 것이 번거롭다면 1초 만에 펼쳐지는 팝업 텐트를 따로 가져가는 것도 괜찮다. 이곳에는 취사도구나 코펠, 의류 등 기타 짐을 넣는 용도로 사용하고 차는 순전히 잠을 자는 데만 사용하면 된다. 팝업 텐트에 잡다한 짐을 전부 집어넣기 때문에 나중에 정리하기도 편하다.

• 평탄 매트. 바닥이 딱딱하면 편히 잠을 잘 수 없다. 마개를 열면 자동적으로 공기가 주입되는 자충식 매트가 편하다. 여름에는 저렴한 발포 매트도 괜찮다. 화려한 문양의 담요가 한 장 있다면 1열 좌석에 걸쳐두면 카페 분위기가 난다. 잠잘 때는 매트에 깔면 촉감이 좋다.

• 테이블. 식탁 용도로 사용하거나 책을 읽을 수 있는 독서대 역할까지 한다. 따라서 작고 가벼운 것을 추천한다.

• 릴랙스 체어. 커피를 마시면서 자연을 음미할 수 있다. 편안하고 가볍고 펴기 쉬운 접이식 체어가 좋다.

• 베개. 숙면을 취하는 데 큰 역할을 한다. 공기주입식 베개도 있지만 편하지 않으니 집에서 사용하는 베개를 가져가면 숙면에 도움이 된다.

• 침낭. 겨울 차박을 하겠다면 성능 좋은 거

위털 침낭을 권한다. 바닥에 큼직한 핫팩을 깔고 지면 땀이 날 정도다. 마미형 침낭은 따뜻하지만 들어가면 좁고 답답해 여름에 쓰기에 불편하다. 지퍼 형태의 사각 침낭이 효율적이다. 나는 집에서 덮고 자는 극세사 이불을 보자기로 꼭꼭 싸서 가져간다.

- 타프. 한여름에 그늘을 만들어 줘 유용하게 사용하는데 테일게이트에 붙여 사용하는 텐트형이 편하고 펼치기 수월하다.
- 아이스박스는 20~30L가 적당하다. 강바람을 쐬며 마시는 시원한 맥주 한 캔이 캠핑의 매력인데 생수를 얼려 냉동재로 활용하면 부피를 줄일 수 있다. 맥주회사에서 사은품으로 주는 아이스쿨러도 가볍고 유용하다.
- 가스 버너는 코베아나 지라프에서 나온 구이바다가 인기 있다. 화력 좋은 가스 버너(코베아 풍뎅이 추천) 2개가 더 효율적이다.
- 코펠. 냄비(티에라 웍 추천)의 코팅 재질이 중요하다. 설거지를 하지 않아도 물티슈나 키친타월로 문지르면 해결이 된다. 물 끓이는 용도로 작은 코펠은 따로 준비하라.
- 랜턴. 성능이 중요하다. 루메나 플러스를 추천한다. 자동차 테일게이트에 비너 고리를 끼우면 방전을 막을 수 있다. 자동차 2열 양쪽 손잡이에 줄을 매달고 랜턴 또는 스피커 등 중요한 것을 줄에 걸면 유용하다.
- 폴딩 캠핑 박스, 양념통(다이소 5천 원), 도마세트(도마, 가위, 수세미, 집게, 칼 5천 원)
- 수저세트, 부탄가스, 버너 바람막이, 물티슈, 키친타월, 지도, 차량용 소화기, 접이식 우산, 쓰레기봉투
- 소화제, 항진균제, 연고제, 배탈약, 일회용 밴드, 종합감기약은 투명 비닐에 넣어 조수석 글로브 박스에 넣어 둔다.
- 음악은 스마트폰에 가득 담아 둔다. 클래식이나 여행 관련 음악이 흥을 돋게 해 준다.
- 캠핑 웨건. 주차장까지 짐을 한 번에 이동하는 데 유용하다.

문제점

- 쓰레기를 마구 버려 화장실을 막히게 하는 경우가 있다. 심지어 농로를 막아 농민의 경운기 출입을 못 하게 하는 경우도 있고 과수원에서 과일을 몰래 따거나 채소를 따 먹는 일도 있다. 화장실에서 전기를 빼 사용하는 등의 일도 일어나는데 이는 명백한 범죄 행위다.
- 주말에 차가 몰려 고성방가와 음주 등이 문제가 되자 결국 화성의 고온항 주민들은 차박을 못 하게 막았다. 이런 일이 지속된다면 앞으로 차박 장소를 소개하기가 두려울 정도다. 이 외에도 주차장에 캠핑카를 장기 주차하거나 무료 캠핑장 곳곳에 알박기 텐트를 하는 일도 있다. 요즘 관광지에 가면 차박금지, 취사금지, 캠핑금지, 카라반 차량 주차금지 등 플래카드를 종종 보게 되는데 성숙한 시민 의식이 건전한 캠핑문화를 이끌 것 같다.

차박의 슬로건은

"아니 온 듯 다녀가셔요."

대한제국의 숨결,
정동건축 예술기행

대한민국의 기준점, 도로원표와 이순신 장군 동상

서울에서 부산까지 459km, 평양까지는 193km다. 과연 그 기준점이 되는 곳은 어디일까? 서울 세종대로 동화 면세점 앞에 있는 도로원표다. 기준점에는 아크릴형의 동판이 부착되었고 12방위를 상징하는 십이지신상이 있다. 이 기준점을 통해 우리는 국내 도시와 세계 주요 도시 간 거리를 알 수 있다. 독도, 마라도와 더불어 대한민국 서쪽 끝 섬인 평안북도 마안도까지 표시되어 있는데 이는 꼭 기억해야 할 섬이다.

이순신 장군 동상은 광화문을 배경 삼아 서 있다. 풍수가는 폭 100m나 되는 태평로가 너무 넓어 일본의 기운이 밀려올 것을 우려했다고 한다. 그래서 이를 제어하기 위해 일본이 가장 두려워하는 인물인 이순신 장군 동상을 도로

광화문과 이순신 장군 동상

대한민국 도로의 기준점 도로원표와 일본의 기운을 막기 위해 세운 이순신 장군 동상

한복판에 세운 것이다. 근엄한 표정, 다부진 어깨에 오른손으로 칼집을 잡고 있다. 혹여 왼손잡이로 오해할 수 있는데 이는 승리자의 자세란다. 구 동아일보 사옥 역시 조선총독부를 감시하기 위해 광화문 사거리에 세웠다고 한다. 2020년, 동아일보가 창간 100주년을 기념하기 위해 동아일보 신사옥 5층부터 20층까지 16개 층, 979개 창문에 컬러를 입혔다. 세계적인 현대미술가 다니엘 뷔렌의 작품으로 노랑, 보라, 오렌지, 진빨강, 초록, 파랑, 터키블루, 핑크 가나다순으로 총 8개의 색을 두 번, 16층에 걸쳐 창문에 색을 입혔다. 이 컬러는 신문사가 건물 밖의 다양한 목소리를 청취해야 한다는 의미를 가지고 있다.

성공회 서울주교좌성당

태평로를 따라 덕수궁 쪽으로 가면 성공회 서울주교좌성당이 나온다. 우리나라 최초의 로마네스크 성당으로 주변 덕수궁과 건축의 톤을 맞춰 눈에 거슬리지 않게 했다. 화강석과 붉은 벽돌로 벽면을 장식했고 주황색 기와를 올렸으며 내부 스테인드글라스는 은은한 창호 분위기다. 서양식 건물에 한국의 전통 건축기법을 가미해 단아한 느낌이다. 하늘에서 내려다보면 십자가 모양인데 그 중심 공간은 둥근 아치 형태로 꾸며졌다. 뒤에는 모자이크 제단화가 장식되어 있는데 마치 터키 이스탄불의 성소피아 성당의 성화를 보는 듯하다. 천장을 받치고 있는 12개 기둥은 십이사도를 의미한다. 특히 지하성당에서 종탑으로 올라가는 나선형 계단이 볼 만하다. 1,450개에 이르는 파이프가 있는 오르간은 소리가 깊고 웅장하다. 봄, 가을에는 매주 수요일 12시 20분, 직장인을 위한 정오의 음악회가 열린다.

성당 뒤편에는 '6월민주항쟁진원지' 기념비가 서 있다. 1987년 6·10 민주 항쟁 당시 민주헌법쟁취국민운동본부 지도자들이 사제관으로 피신해 민주화 운동을 주도했던 장소다. 마당에 있는 카페 '그레이스'는 탈북 여성의 자립 프로젝트로 운용되니 커피를 마시면 큰 도움이 된다.

덕수궁 돌담길과 구세군중앙회관

성공회 성당을 빠져나오면 영국대사관 정문이다. 덕수궁 돌담길 중에서 60년 동안 일반인의 통행이 끊겼다가 서울시와 문화재청이 영국대사관을 설득한 끝에 2018년에 보행길이 조성되었다. 그러나 영국대사관 정문에서 후문까지 70여m 구간은 덕수궁 안쪽으로 길을 낼 수밖에 없었다. 그러다 보니 고

덕수궁 돌담길

종이 커피를 즐겼던 정관헌과 덕수궁 후원의 노거수를 만날 수 있다. 다시 덕수궁을 빠져나오면 정동까지 돌담길로 연결되는데 전체 1,100m 중에서 가장 경치가 빼어난 구간이다.

길은 다시 정동길로 이어지며 신문로 쪽으로 내려가면 구세군중앙회관이 나온다. 고대 그리스 신전처럼 4개의 기둥이 박공을 떠받치는 형태다. 고풍스러운 역사박물관에는 100년이 넘는『성경』과 찬송가 등 유서 깊은 기독교 유물이 전시되어 있다. 정동 '1928 아트센터'로 꾸며져 국내외 유명 작가의 미술작품을 만날 수 있다. 천연당사진관, 플라워숍까지 볼거리가 가득한데 특히 카페 '헤이다'는 개화기 앤티크 분위기로 꾸며져 인스타 사진 명소로 알려져 있다. 자개로 덮인 탁자와 화강암 의자가 분위기를 더한다. 2층은 강의장과 문화 공간으로 30여 명이 둘러앉을 수 있는데 거대한 자게 테이블이 눈에 확 들어온다.

본관 1층에 있는 사진관 천연당은 1907년 우리나라 최초의 근대식 사진관 이름을 따왔다. 앤티크한 분위기의 포토존에서 개화기 의상을 빌려 입고 스냅사진과 프로필 사진을 찍을 수 있다.

카페 헤이다의 자개 탁자와 개화기 분위기의 카페 헤이다

세계적인 건축상을 수상한 새문안교회

구세군중앙회관에서 신문로로 내려가면 직선과 곡선이 절묘한 조화를 이룬 새문안교회를 마주하게 된다. 건물 형태는 어머니가 아기를 안고 있는 모습을 하고 있으며 큼직한 아치문은 구원의 문을 상징하며, 밤에는 창을 통해 조명이 쏟아져 이곳이 그리스도 빛의 공간임을 말해 준다. 유니크한 건물 형태는 물론 초창기 한국 기독교의 역사성까지 가지고 있어 2019년 아키텍처 마스터 프라이즈(AMP)에서 문화 건축 수상작으로 선정되었다.

새문안교회는 언더우드가 설립한 우리나라 최초의 장로교회다. 입구에 들어서면 언더우드 목사의 가방을 볼 수 있으며 초창기 한국 교회의 역사를 되돌아볼 수 있다. 도산 안창호 선생과 조선어학회 사건으로 수난당한 최현배 선생도 새문안교회의 교인이었다. 4층 대예배당은 늘 개방하고 있는데 웅장한 내부를 감상할 수 있으며 운 좋으면 천장까지 닿은 파이프오르간 소리를 들을 수 있다.

● 여행 팁

도로원표 ⋯› 세종문화회관별관(구 국회의사당) **⋯› 성공회성당 ⋯› 덕수궁 돌담길 ⋯› 구세군중앙회관 ⋯› 햄머링맨 ⋯› 전차와 지각생 ⋯› 새문안교회 ⋯› 동아일보 사옥 ⋯› 스프링 ⋯› 서울시청 청사** 서울 도심 건축기행으로 손색이 없는 코스로 2km, 2시간 정도 소요된다. 흥국생명 앞에 있는 햄머링맨은 조나단 브롭스키의 작품으로 현대인들의 각박한 삶을 표현하고 있는데 오전 8시부터 오후 7시까지 1분에 한 번씩 하루 660회 망치질을 한다. 흥국생명 로비에는 국내외 유명작가의 현대미술 작품이 있다.

● 주변 여행지

덕수궁, 서울시립미술관, 돈의문박물관마을, 경희궁, 서울역사박물관

2019년 AMP 문화 건축상을
수상한 새문안교회

햄머링맨

나를 여행작가로 이끈 불상

20여 년 전이다. 유럽 배낭여행 때 프랑스 베르사유 궁전의 엄청난 규모와 그 화려함에 넋이 빠져라 감탄하면서 우리에게 이런 궁전이 없는 걸 원망했다.
'남의 나라는 국력을 키우며 궁전을 세울 때 우린 도대체 뭘 했어?'
이런 불평은 무지가 낳은 편견이었다. 한편 '내 눈으로 우리 문화재를 직접 확인하고 욕을 바가지로 하자.' 양심이었는지 아니면 일말의 오기였는지 잘 모르겠다. 한국으로 돌아와 가장 먼저 찾아간 곳이 바로 국립중앙박물관이었다. 당시에는 경복궁 옆(현 국립고궁박물관)에 옹색하게 세 들어 살고 있었다.
그곳에서 미술책에 등장한 서화와 고려청자를 만나니 나름 우리 문화도 괜찮았다. 그러다가 망치로 머리를 맞은 듯 충격적인 작품을 만났으니 그것이 바로 금동미륵반가사유상이었다. 실물은 국사책에서 본 사진과는 딴판이었다.
생각보다 불상은 컸으며 미끄러지는 옷 주름, 생동감 넘치는 손가락이 나를 혼돈에 빠뜨렸다. 급기야 무아지경의 표정은 내 천박한 사대주의를 단박에 깨트렸다. 역시 유물은 직접 눈으로 봐야 감동이 증폭된다.
'허허. 모나리자보다 더 좋구나.'
그 후 우리 문화에 관심을 두게 되었고 안목을 높이려고 관련 책을 뒤적였으며 훌륭한 스승을 만나는 행운까지 얻었다. 배우면 배울수록 욕심이 생겼고 그 감

동을 글로 표현했다. 독자들의 뜨거운 반응에 급기야 회사에 사표를 던지고 우리 국토는 물론 세계의 아름다움을 찾아다니는 여행작가가 되었다. 돈을 많이 벌진 못하지만 정말 하고 싶은 일을 하는 데 자부심을 느끼며 20여 년을 여행작가로 살아왔다. 미술품 하나가 한 사람의 인생을 180도 바꾼 것이다.

2015년 9월, 국립중앙박물관에서 국보 제78호와 제83호, 대한민국 국가대표 금동미륵반가사유상을 나란히 전시한 적이 있었다. 형제가 우애 좋게 함께 앉아 있으니 크기와 조형 양식을 비교해 볼 수 있었고 답답한 유리 보호막에서 벗어나 불상의 피부와 그 숨결까지 느낄 수 있어 더없이 행복했다. 거기에다 빛의 각도에 따른 표정의 변화를 생생히 목격할 수 있었다.

몇 해 전 나는 교토의 광륭사에서 삼국시대 목조미륵반가사유상을 친견한 적이 있다. 123.5cm, 사람의 앉은키와 거의 흡사했다. 한쪽 다리를 걸치고 앉아 있는 품새며, 지그시 감은 눈, 오뚝한 코, 잔잔한 미소, 튕기는 듯한 수인까지 나무로 깎아 만든 것이 아니라 1,500년 동안 숨 쉬는 진짜 부처 같았다.

'내가 죽기 전에 이 삼 형제 반가사유상을 나란히 보는 날이 있을까?'

해외여행이 어려운 요즘, 우리 문화에 시선을 돌릴 절호의 기회다. 삶이 힘겹게 느껴진다면 이 불상의 알 듯 말 듯한 미소를 훔쳐 보라. 뭔가 답을 줄 것이다.

도심 속 무장애 허파길, 서대문 안산자락길

안산이라? 편안한 산이겠지. 내 예측이 내심 맞기를 바랐지만 한자를 보니 편안한 안(安)을 쓰는 것이 아니라 말을 탈 때 등에 얹는 안장의 안(鞍)이란다. 산 모양이 마치 말의 안장처럼 생겼기 때문이고 또 자락은 산자락의 자락을 뜻한다. 그래서 굳이 정상(296m)에 오를 필요 없이 안장 형태인 바깥 둘레길을 한 바퀴 도는 것을 권한다.

길은 7km 내내 편안한 데크 길이 이어져 다리에 무리가 가지 않고 또 숲속의 다양한 꽃들을 감상하며 걸을 수 있다. 서대문구청, 독립문, 연세대 등 사방 어디에서 올라가든 자락길을 만나게 된다. 순환형이기에 원점회귀가 가능한데 걷다가 컨디션이 좋지 않다면 바로 하산해 지하철을 이용하면 된다. 거기에다 인왕산, 북악산, 남산, 관악산 등 서울을 감싸고 있는 산들을 멋지

부채꼴 모양의 서대문형무소

게 조망할 수 있는 전망대가 곳곳에 놓여 있어 색다른 서울의 모습을 마주하게 된다. 또한 서대문형무소, 독립문, 봉원사, 서대문자연사박물관 등 역사, 생태 볼거리까지 풍성해 트레킹을 마치고 주변 여행지를 함께 둘러봐도 좋겠다.

2010년, 목재 데크 길을 처음 조성했을 때는 길이 390m가 전부였다. 휠체어를 타고 온 장애인들이 즐거워하고 기쁜 나머지 눈물을 흘리는 것을 본 문석진 서대문구청장은 전 구간을 데크 길로 연결해야겠다는 결심을 했다고 한다. 그래서 평균 경사율 9% 이내 무장애 데크 길을 만들어 유아, 어린이, 노인, 임산부, 장애인 등 보행 약자들이 언제든 삼림욕을 즐길 수 있어 더욱 의미가 있다.

지하철 3호선 독립문역에서 하차해 서대문독립공원을 지나 시계 반대방향으로 돌았다. 초록이 주는 싱그러움이 발걸음을 더욱 가볍게 해 준다. 길을 잃을 염려는 없다. 파랑과 노랑 화살표만 따라가면 그만이다. 자락길 먼발치에서 보면 서대문형무소 건물 형태가 부채꼴 모양임을 알게 된다. 수감자를 감시하기 수월한 구조다. 그 뒤쪽으로 독립문이 자리하고 있다.

인왕산의 측면을 보면서 걷는 재미 또한 쏠쏠하다. 능선을 따라 이어진 한양도성이 기차의 레일처럼 보였다. 길가에 도열한 나무 패널에는 서대문형무소에서 순국한 순국선열의 사진과 그 발자취가 담겨 있다. 셔츠가 흥건하게 젖을 무렵, 북카페가 나타났다. 팔각정자가 있어 잠시 다리품을 팔기에 제격이다. 이제부터 본격적인 숲길에 들어선다. U자형, 갈 지(之) 자형 등 길은 변화무쌍해 지루할 틈이 하나도 없다. 5월에 이 길을 걸으면 황금색 황매화군락을 만나게 된다. 꽃향기에 취해 흐느적거리며 걷다 보면 어느덧 북한산 전망대가 나온다. 안내판에는 봉우리 이름들이 적혀 있으니 손가락으로 짚어보며 북한산을 감상하면 된다.

다시 초록 터널 숲으로 들어간다. 팝콘처럼 터진 팥배나무 꽃이 유혹하기도 하고 기묘한 바위가 잠시 머물다 가라고 발목을 잡는다. 시비도 있으니 잠시 시를 음미하는 여유를 가져 본다. '불어오는 아침 바람, 산뜻한 풀냄새에 가

메타세쿼이아 숲길과 5월 황매화군락

슴이 트인다.' 박두진의 「푸른 숲에서」로 마치 내가 시의 주인공이 된 기분이다. 책이 있는 도서관을 지나면 빼곡한 소나무 숲을 만나게 된다. 송림 사이로 빛이 쏟아져 운치를 더한다. 소나무는 이내 메타세쿼이아에게 바통을 넘겨준다. 늘씬한 나무가 빼곡한 숲길을 타박타박 걸으면 몸 깊숙한 곳에 박혀 있는 티끌마저 훌훌 떨어져 나가는 기분이다.

너른 쉼터는 간식 먹기에 딱 좋다. 오르막이 나타나자 메타세쿼이아 숲길은 지그재그 길로 바뀐다. 에둘러 돌아가는 것이 힘이 덜 든다는 평범한 진리를 가르쳐 준다. 까마득한 숲을 벗어나니 저 멀리 용산의 빌딩 숲이 보인다. 그 뒤쪽으로 여의도 마천루가 아른거린다. 노을에 반사된 63빌딩은 골드바가 되어 여의도 백사장에 처박혀 있는 것 같다. 그 뒤쪽에 관악산과 삼성산 등 서울의 남쪽 산들이 길게 이어져 서울을 감싸고 있다.

종로 일대가 보이는 전망데크는 최고의 절경 포인트. 이곳에 서면 인왕산과 북악산 그리고 북한산까지 절묘하게 보인다. 특히 서울 성곽 전체를 짚어 볼 수 있어 의미 있다. 빼곡한 빌딩 숲에서 살아남은 5개의 궁궐도 내려다보인다. 안산은 원래 조선시대에는 무악산이라 불렀다고 한다. 태조 이성계가 한

양을 수도로 삼고 궁궐을 지으려고 몇 곳의 후보지를 찾았다고 한다. 개국공신인 하륜은 이 안산을 주산으로 삼고 지금의 연세대학교 자리에 남향으로 궁궐을 짓자고 주장했고, 무학대사는 인왕산을 주산으로 삼고 동향으로 궁궐을 짓자고 했지만 결국 정도전의 주장에 따라 북악산을 주산으로 삼고 남향으로 경복궁을 짓는 것으로 최종 결정되었다. 만약 하륜이나 무학대사의 주장대로 궁궐이 조성되었다면 조선의 역사는 또 어떻게 바뀌었을까? 이 전망데크에서는 3곳의 궁궐 후보 터를 모두 볼 수 있다. 아마 한양에 궁궐을 정하고자 하는 세 분의 풍수대가도 이곳에 올라 한양을 바라보지 않았을까 싶다. 다시 크게 휘감으며 숲속으로 들어간다. 귀룽나무, 참나무 등 생소한 나무지만 이름표를 달고 있어 생태 공부하는 데 도움이 된다.

서울 한복판에 이렇게 조용하고 야생화가 가득한 곳이 있다니 감사할 따름이다. 극동아파트 주민들이 조성한 꽃밭을 보고 하산하니 출발지인 서대문 독립공원이 나온다. 서울 도성을 품에 안는 안산길 위에서 마음껏 힐링하라.

여행 팁

총길이 7km, 2시간쯤 소요되며 서울 시내와 강북의 산을 조망하며 걸을 수 있다. 4월에는 벚꽃, 5월에는 황매화를 볼 수 있다. 길이 수월해 유모차나 휠체어로 걸을 수 있으나 자전거는 탈 수 없다. 홍제천으로 내려가면 50년간 막혀 있던 유진상가 하부를 예술 공간으로 탈바꿈한 홍제유연(弘濟流緣)이라는 야간 경관 작품을 볼 수 있다.

주변 여행지

독립문, 서대문형무소, 서대문자연사박물관, 홍제천, 북한산자락길, 신촌

과거급제의 합격 루트,
한양도성 순성길

서울 한양도성(사적 제10호)은 도심의 경계를 표시하고 외부의 침입으로부터 방어하기 위해 축조된 성으로 현존하는 전 세계의 도성 중 가장 오랫동안(1396~1910, 514년) 도성 기능을 수행했다.

그뿐 아니라 조선시대에는 성곽을 한 바퀴 도는 순성이 유행했다고 한다. 서대문인 돈의문에서 시작해 성곽 40리 길을 한 바퀴 돌고 종로를 관통하면 가운데 중(中) 자가 그려진다고 한다. 이는 적중할 때 '중' 자로 순성을 하면 과거시험에서 합격한다고 믿었다. 일반 백성 역시 도성을 돌면서 성 안팎의 꽃과 버들을 감상하며 한양의 아름다움에 취했다고 한다. 총길이 18.2km, 대략 10시간이 걸리는 루트다. 이 긴 성벽을 완성하는 데 불과 78일 소요, 전국 팔도에서 20만 명을 동원했다고 한다. 당시 한양의 인구는 고작 10만 명.

한양도성 성벽

백악구간(혜화문 ··· 숙정문 ··· 백악마루 ··· 창의문 4.7km, 3시간)

4호선 한성대입구역 5번 출구를 빠져나오면 인도 옆에 자리한 혜화문을 보게 된다. 성문이라는 것이 길 가운데에 있어야 제맛이지만 외진 곳에 비껴 있어 버스정류장만큼이나 옹색하게 보인다. 성벽은 성북동 주택가로 이어지는데 고급빌라의 담벼락이 되기도 하고 경신고등학교 교사의 축대가 되어 학생들의 수다 소리를 들으며 걷게 된다. 서울과학고등학교부터 성곽은 제 모습을 찾게 된다. 부근에 유명한 왕돈가스집이 여럿 있으니 성곽 오르기 전 맛을 보며 미리 체력을 보충하는 것이 좋다. 와룡공원부터 말바위까지는 높다란 성벽을 옆에 끼고 부엽토로 다져진 흙길을 거닐게 된다. 만추의 낙엽길도 좋지만 성벽 위에 눈이 소복하게 쌓인 겨울 풍경 또한 볼 만하다. 목책교를 넘으면 말의 머리를 닮았다는 '말바위'가 손짓하는데 '서울시 선정 우수 조망명소' 전망대가 서 있어 경복궁과 광화문 빌딩 숲, 남산은 물론 관악산까지 조망이

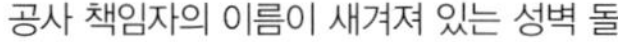
공사 책임자의 이름이 새겨져 있는 성벽 돌

가능하다.

말바위 안내소에서 400m쯤 가면 한양의 4대 문이자 북대문인 숙정문이 나온다. 산악지대에다 연결된 도로가 없기 때문에 출입문의 기능은 상실했다. 더구나 북쪽은 풍수지리상 음기가 강한 곳이어서 '숙정문을 열면 장안 여자들이 음란해진다'고 여겨 문단속을 철저히 했다고 한다. '북쪽은 음, 남쪽은 양'이라는 음양의 원리가 건축에 반영되었다고 보면 된다. 대신 가뭄 때는 문을 활짝 열어 놓고 음기를 받아들였다고 한다.

숙정문부터 곡장까지는 능선을 따라 계단이 이어진다. 성벽 너머로 1970년대 요정정치의 산실인 삼청각이 내려다보인다. 한때 남북적십자회담, 한일회담 등 막후 협상 장소로 이름을 날렸던 곳으로 지금은 서울시가 인수해 공연장으로 사용하고 있다. 성벽 바깥쪽으로 곡장이 툭 튀어나왔다. '구부러진 성벽'이라는 의미를 가지고 있는 곡장은 그 특이한 지형 때문에 적의 동태를 살피고 방어하는 데 사용되었다. 곡장 끝은 타이타닉호의 뱃머리 같아서 이곳에 서면 북한산의 장쾌한 풍경은 물론 그림 같은 인왕산을 감상할 수 있다. 곡장에서 백악산까지는 용이 옥구슬을 향해 휘감아 도는 형상을 하고 있어 서울 성곽 여정의 백미라 할 수 있다.

성벽에는 글씨가 음각된 돌을 볼 수 있는데 공사일자, 감독관, 공사 책임자의 직책과 이름이 꼼꼼하게 새겨져 있다. 조선 팔도에서 인력을 동원해 성곽을 쌓았는데 보수가 필요하면 이름을 보고 공사 책임자를 불러들였다고 하니 일종의 '공사실명제'인 셈이다.

청운대를 조금 지나면 총알 자국에 시멘트 치료(?)까지 받은 '1·21 사태' 소나무를 만나게 된다. 이곳은 1968년 김신조를 비롯한 무장공비가 청와대를 습격할 때 전투를 벌였던 현장으로, 나무에는 15발의 총알 자국이 상흔처럼 남아 있다. 오르막의 끝은 청와대 뒷산인 백악산이다. 정상 바위에 서면 광화문, 남산은 물론 상명대학과 구기동 주택단지, 인왕산 성곽과 기차바위 능선, 세종로의 마천루까지 조망된다. 북악산으로 더 알려진 백악산은 경복궁은 물론 청와대의 진산이다. 소나무 그늘에서 쉴 수 있는 공간이 놓여 있으니 다리품을 팔아도 좋다.
백악마루에서 창의문까지는 급경사 계단길이다. 중간에 돌고래 쉼터가 있어 숨을 고르며 탁 트인 경치를 감상하는 호사를 누려도 좋다. 산을 내려오면 창의문이 기다린다. 인조반정 때 반정군이 이 문을 통해 도성으로 들어갔던 혁명의 문이다.

인왕구간(창의문 ⋯➝ 숭례문 5.3km, 3시간)
창의문에서 길을 건너면 윤동주 문학관이 나온다. 시인은 누상동에서 문학친구 정병욱과 하숙을 하면서 종종 인왕산에 올라 시정을 다듬었다고 한다. 「별 헤는 밤」, 「자화상」 등 그의 대표 시는 바로 이 시기에 쓰였다. 물탱크를 개조해 만든 문학관이 인상적이며 시인의 언덕에서는 꿋꿋하고 순결한 그의 정신을 음미하기에 좋다.
다시 순성길은 인왕스카이웨이와 만나고 인왕산 능선을 따라 성곽은 이어진다. 제법 경사가 가팔라 숨이 차오르지만 시원한 경치가 지친 다리를 어루만져 준다. 빼곡한 숲을 보니 한때 인왕산에 호랑이가 있음을 실감하게 된다. 지네가 지나가는 듯한 성곽과 불꽃 모양의 북한산이 산수화를 그려내고 있다. 잠시 도성에서 벗어나 기차바위까지 다녀올 수 있도록 문을 열어 놓았으니 거대한 암반에 궁둥이를 붙이고 파노라마 같은 한양의 풍경을 감상하는 여유를 즐겨도 좋다.
인왕산은 거대한 화강암 덩어리다. 선바위, 부처바위, 치마바위 등 기묘한 바위가 상상력을 자극한다. 겸재 정선의 진경산수화인 〈인왕제색도〉를 상상하며 인왕산 산세를 감상하면 더욱 의미 있겠다. 마지막 힘을 내 계단을 오르면 인왕산 정상이 나온다. 한양을 감싸고 있는 내사산인 북악산, 낙산, 목멱산을 한눈에 굽어볼 수 있으며 외사산인 북한산, 아차산, 관악산, 덕양산까지 전부 조망이 가능하다. 또한 청계천과 한강 그리고 경복궁과 창덕궁 등 한양의 중심부를 절묘한 각도에서 내려다볼 수 있다.

인왕산 정상에서 무학동으로 이어지는 성곽 길은 〈아리랑〉의 춤사위처럼 부드럽다. 쭉쭉 뻗은 빌딩과 성냥갑 같은 집들 그리고 궁궐이 한데 어우러진 풍경이 감사할 따름이다. 무학동을 지나면 성곽 주변은 온통 코스모스 밭이다. 딱딱한 성곽에 알록달록한 가을 옷을 입힌 것 같다. 순성안내쉼터에서 돈의문까지는 민가가 들어차 있어 성곽의 흔적을 찾기 쉽지 않다. '한양도성

북한산과 한양도성

인왕산에서 바라본 한양도성과 목멱산

순성길' 푯말을 따라 길을 찾아야 한다. 미로 같은 빌라단지를 벗어나면 성곽을 복원해 놓은 월암근린공원이 나온다. 〈봉선화〉, 〈고향의 봄〉을 작곡한 홍난파의 노래비를 볼 수 있다. 다시 길을 따라 내려가면 삼성강북병원이 나온다. 병원 안쪽에 대한민국 임시정부청사로 사용되었던 경교장(사적 제465호)이 자리 잡고 있다. 해방 후 김구 선생이 이곳에서 집무를 수행하다가 서거한 비운의 현장이다. 경교장 앞은 돈의문박물관마을이다. 전통문화체험이 가능한 한옥과 6080 추억이 살아 있는 아날로그 감성 공간이 있다. 그 아래에 서울의 4대 문 중 유일하게 형태를 찾을 수 없는 돈의문 터가 자리 잡고 있다. 일제강점기 때 도로 확장공사로 허물어졌다. 신문로 횡단보도를 건너면서 돈의문을 마음속으로 그려 보자. 길은 다시 정동길로 연결되며 정동제일교회를 돌아 배재학당을 지나가게 된다. 큰길을 건너 호암아트홀 담벼락을 따라가면 상공회의소에 닿게 되며 국보 숭례문이 눈에 들어온다.

목멱구간(숭례문 ··· N서울타워 ··· 광희문 5.4km, 3시간)

남대문 저잣거리에서 칼국수로 끼니를 때우고 남산 쪽으로 발걸음을 옮긴다. 밀레니엄 서울힐튼호텔 맞은편은 조선신궁터로 일제강점기 때 내선일체를 강요하며 일본 정신을 주입했던 곳이었다. 지금은 성곽으로 말끔히 복원되었고 남산도서관 옆에 안중근의사기념관이 자리 잡아 자존심을 다시 세웠다. 김구 선생, 손병희 선생의 동상도 만나게 된다.

제법 가파른 경사길을 오르면 남산 팔각정과 N서울타워가 나온다. 조선시대 태조가 개국한 후 이곳에 국사당을 세워 민속신앙을 주관했던 곳이다. 타워 아래 전망대는 외국인이 가장 북적거리는 곳으로 서울의 발전상을 한눈에 볼 수 있다. 남쪽으로는 한강과 강남 일대를, 북쪽으로는 한양의 진산인 북악산과 서울의 고층건물을 조망하게 된다.

목멱산 봉수대(서울특별시 기념물 제14호)는 전국 각지에서 보내오는 봉수를 받았는데 낮에는 연기, 밤에는 불빛으로 신호를 알아볼 수 있도록 했다. 전국 어디서든 12시간 내에 남산 봉수대에 도착했다고 한다. 남산을 기점으로 성곽은 아래쪽으로 향한다.

순성길은 남산 순환도로를 따라가기도 하고 성곽 바깥쪽으로 계단길로 이어진다. 그렇게 남산 기슭을 따라 내려와 국립극장을 지나 도로를 건너면 반얀트리 클럽이 나온다. 여기서부터 서울 신라호텔까지는 정원을 옆구리에 끼고 걷게 된다. 골프연습장을 지나고 울타리 너머 호텔 정원의 조각품을 감상하는 재미도 있다. 서민 주택이 몰려 있는 다산동도 지나가게 되는데 한양의 남동쪽을 내려다볼 수 있도록 근사한 정자가 서 있다. 이 숲길이 끝나는 지점에 장충체육관이 자리 잡고 있다. 1963년에 세워진 국내 최초의 돔 경기장으로 김일 선수 박치기의 추억이 서린 곳이다. 장충체육관에서 광희문까지는 도로 확장과 주택 건설로 성곽 대부분이 훼손되어 그 흔적을 찾기 어렵다.

한양도성 낙산구간

'순성길' 푯말을 찾아 어렵사리 주택가를 헤매다 보면 한양의 동남쪽 문인 광희문이 나온다. 도성 안에는 무덤을 쓸 수 없어 성안의 시신은 소의문과 광희문을 통해 나갔다고 한다. 시구문(屍口門)이라 불린 이유이기도 하다. 도성 밖은 노제 장소였기에 무당집이 많아 신당리라 불리었는데 오늘날 신당동의 유래는 여기서 찾을 수 있다.

낙산구간(광희문 ⋯→ 흥인지문 ⋯→ 혜화문 2.3km, 1시간)

광희문에서 대로를 건너면 동대문역사문화공원이 나온다. 그 안에 자리한 동대문디자인플라자(DDP) 건물은 세계적인 거장 자하 하디드의 작품으로 한강과 청계천 등 역동적인 서울의 모습을 함축적으로 표현하고 있다. 역사의 흔적을 현대 건물과 절묘하게 연결한 영감을 배워 본다.

이곳은 원래 훈련도감의 군사주둔지인 하도감과 화약 제조 관서인 염초청이 있었던 자리였는데 1925년 일제는 일본 왕세자 결혼 기념으로 이곳에 경성 운동장을 지었고 훗날 동대문운동장으로 이름이 바뀌어 근현대 한국 스포츠의 중심지로 자리매김했다. 발굴된 성곽은 길게 이어지다가 도성의 물이 빠져나가는 이간수문과 오간수문을 만나게 된다. 서울에서 가장 지대가 낮아 내사산에서 내려온 물이 청계천으로 모여 이곳을 통해 도성 밖으로 흘러나갔다. 옹성을 가진 보물 흥인지문을 지나면 다시 성곽은 서울의 좌청룡에 해당하는 낙산을 따라 오르게 된다. 생긴 모양이 낙타의 등처럼 생겨서 낙타산, 타락산이라 부르기도 한다. 내사산 중에서 가장 낮아 편안하게 산책할 수 있다. 이곳에 한양도성박물관이 있으니 한양의 역사와 도성의 의미를 배우게 된다. 성벽 바깥의 창신동은 조선시대 퇴직한 궁녀들이 모여 살았던 곳이다. 성벽 안쪽은 벽화가 아름다운 이화마을이 자리 잡고 있다. 서울의 몽마르트르 언덕이라 불리는 낙산공원은 붉은 노을과 야경이 볼 만하다. 성곽은 가톨릭대학을 따라 이어지며 가을 단풍이 끝내주는 길이다. 그렇게 걷다가 혜화문에서 그 대단원의 마침표를 찍는다.

600년 동안 변화된 한양의 역사를 가슴속에 새기며 성곽을 한 바퀴 돌아보라.

여행 팁

북악산(342m) ⟶ **낙산**(125m) ⟶ **남산**(262m) ⟶ **인왕산**(338m)을 지나는 서울 성곽의 총길이는 18.2km, 대략 10시간이 소요된다. 아침 일찍 출발하면 하루에 다 돌 수 있지만 4개 구간으로 나누어 걸으면 더욱 효율적이다. 짧은 시간에 서울 성곽 진수를 맛보겠다면 혜화문에서 시작해 말바위 안내소를 거쳐 창의문으로 하산하는 코스가 좋다. 이 코스는 반드시 신분증을 지참해야 한다.

연길 할머니

서울역에서 어눌한 말투의 할머니가 내게 다가와 묻는다.
"역사박물관역은 어떻게 가요?"
광화문에 있는 건가. 고개를 갸우뚱하니 꼬깃꼬깃한 종이를 펴며 장소를 보여 준다.
'국립중앙의료원'
'아, 2호선 동대문역사문화공원역을 말씀하시는구나.'
서울역 1호선 지하철역까지 모셔다드렸는데 교통카드 단말기에 2천 원을 올려놓는 것이 아닌가?
'아~ 지하철을 처음 타시는구나.'
그래서 매표소에서 표를 끊어주고 지하철 안에서 여쭤봤더니 연변에서 오셨단다. 시동생이 갑자기 심장마비로 죽어 이렇게 병원 이름 하나만 달랑 들고 병원의 장례식장을 찾은 것이다. 그러고 보니 검은 옷을 입고 있었고 표정은 침통했다. 아무래도 하차 역까지 바래다 드려야 안심이 될 것 같다. 지하철 1호선을 타고 시청역에서 2호선으로 갈아타고 동대문역사문화공원역에서 함께 내렸다. 나가는 방향을 가르쳐 드리고 종이에다 '13번 출구'라고 진하게 써 드렸다. 이왕 좋은 일 하는 것, 병원까지 모셔다드렸어야 했는데 지금 생각해 보니

후회가 된다. 할머니가 걸어가면서 고마우셨는지 뒤를 돌아보더니 꾸벅 인사를 하는 것이다. 그러고는,

"연길에 놀러 와요."

덕분에 난 지하철을 세 번 갈아타야 했지만 선행을 해서인지 입가에 미소가 가시지 않는다.

'그런데 연길에서 저 할머니를 어떻게 찾지?'

인생샷의 유혹,
이천 예스파크(藝's PARK)

경기도 광주, 충남 공주와 함께 조선시대 3대 도요지로 손꼽히는 이천은 대한민국 도자산업의 메카로 남다른 자부심을 가지고 있다. 2005년에는 국내 최초 도자산업특구, 2010년에는 유네스코 공예민속예술 창의도시로 지정되어 이천은 자타가 공인한 국내 최고의 도자예술도시라 할 수 있다.

그 도자예술의 중심에는 한자 '예(藝)' 자와 영어 'PARK(공원)'를 조합한 예스파크(藝's PARK)가 있다. '다양한 기술과 예술이 모여 마을이 만들어졌다'라는 의미를 가진 문화예술마을로 보면 된다.

천년의 역사를 지닌 이천 도자예술마을은 그 연륜만큼이나 규모 또한 대단해 40만 6천여㎡(12만 3천여 평)의 너른 대지에 주제와 위치에 따라 가마마을, 회랑마을, 별마을, 사부작길마을의 4구역 테마마을로 이루어졌고 독특한 형

세라기타문화관

이천 도자마을인 예스파크

태의 건축물이 즐비해 하루 종일 둘러봐도 시간이 부족할 정도로 볼거리, 체험거리가 가득하다. 도자기뿐 아니라 유리, 옻칠, 가죽, 섬유, 목공예 등 다양한 예술작품을 만나게 된다. 200여 개의 공방은 각자 개성과 스토리를 품고 있어 기웃거리기만 해도 예술 에너지를 얻게 된다. 공방은 제작, 전시, 체험, 판매 등이 모두 한자리에서 이루어진다. 수백만 호가하는 달항아리는 물론 부엌에서 쓰는 생활자기까지 그 종류와 가격이 천차만별이다. 무엇보다 숟가락 하나에도 작가의 혼이 실려 있는 예술품이란 점이 이곳을 찾는 이유이기도 하다.

예술인 마을답게 독특하고 개성이 넘치는 건물이 볼거리다. 유럽풍의 건물, 기하학적인 건물, 3층 건물 전체가 기타 모양을 하고 있는 세라기타문화관 등 사진 명소가 가득해 젊은 사람들이 열광한다.

예스파크의 공방 중에서 가장 큰 비중을 차지하는 분야는 도자기 공방이다. 그중 가마마을은 이천을 대표하는 도자명장이 상주하고 있어 직접 만나 도자기 이야기를 들을 수 있으며 달항아리 만들기 체험까지 가능하다. 투박한 흙을 물레에 올려 어머니의 가슴 같이 푸근한 달항아리를 만들어 내는 손놀림은 신기에 가깝다. 전시장에서는 명장의 작품을 감상할 수 있다.

이천의 도자 예술을 한자리에서 볼 수 있는 해주도자박물관은 이천 지역 1세대 도공들의 근현대 작품은 물론 화려한 색깔을 가진 외국 도자기까지 1,700여 점이 전시되어 현대 도자의 산 역사를 만날 수 있다. 개울을 끼고 있는 정원도 예뻐 산책하기 좋고 차를 음미하며 도자기를 만날 수 있도록 카페도 가지고 있다.

최고의 포토존은 '흙으로 빚은 달'이다. 15단 선반 위에 달항아리 126기가 탑처럼 쌓여 있어 마치 달이 공중에 떠 있는 느낌이다. 바람에 흔들리는 것을 막기 위에 항아리 안에 흙을 가득 채웠다고 한다. 선반 빈 공간에 얼굴을 들

도자로 만든 소품과 달항아리를 빚고 있는 이향구 명장

이대면 인간 달 사진을 찍을 것 같다.

리버마켓이 열리는 회랑마을은 차가 다니지 않아 걷기만 해도 행복하다. 마치 파리 몽마르트르 거리를 활보하는 기분이다. 한림도예, 행복한그릇식구기 등 작은 공방에서는 생활자기를 구매할 수 있다. 별마을은 포토존이 많아 예쁜 건물 앞에서 포즈를 취하면 인생샷 한 컷은 건질 것이다.

공방 어디를 가든 예술인들은 환한 미소로 관람객을 맞아주며 작품의 의미를 설명해 준다. 운 좋으면 제작과정을 엿볼 수 있다. 도자 체험, 유리 체험, 화분 채색, 다육 심기 등 체험거리도 가득해 아이들의 교육 장소로 제격이다.

'藝's'가 예술공방을 의미한다면 'PARK'는 꽃과 나무가 어우러진 공원을 말한다. 관광안내소 근처 로터리 주변에 꽃과 도자기로 꾸며진 공원이 있으니 이곳을 중심으로 동선을 잡으면 좋다. 자작나무와 대나무가 자라고 있고 도자기를 상징하는 조형물이 서 있어 쉼터로 제격이다. 예스파크는 하늘에서 내려다보면 마을 전체가 한반도 모양을 하고 있으며 학암천이 마을을 관통하고 있다. 천을 끼고 있는 산책로에는 계절별 꽃이 만발하여 조용히 사색하며 걷기에 그만이다.

예스파크는 워낙 규모가 방대해 마을별로 둘러보는 것을 권하지만 미로 같은 골목 이곳저곳을 방황하는 것도 나쁘지 않다. 운명적으로 만나는 도자기와 공예품은 예스파크를 보는 맛이기도 하다.

예스파크 카페 탐방

카페 웰콤(031-637-9030)은 달항아리를 주제로 한 베이커리 카페로 자연발효 유럽 정통 빵을 맛볼 수 있다. 달항아리 케이크, 옹기 티라미수, 쌀밥빙수 등 독특한 디저트도 맛볼 수 있다. 1층은 보름달 포토존이 인기 있고 2층은 우물 모양의 유리 탁자에서 달항아리를 배경 삼아 사진 찍으면 좋다. 오르골

독특하고 개성 넘치는 건물이 많아 사진 찍기 좋다

욕조를 활용한 조형물

카페 웰콤의
옹기 티라미수

하우스(031-638-5007)에서는 드라마 〈미스터 션샤인〉에 등장한 오르골 OST를 들을 수 있다. 오르골은 바로 이 회사에서 만들었는데 다양한 오르골이 전시되어 있으며 청아한 소리를 들을 수 있다. 카페 입구에는 태엽을 감고 있는 음악대장 오르디가 있다. 카페 12인치는 영화 속 주인공 피규어를 만날 수 있어 마니아들이 좋아한다. NU gallery(031-635-3537)는 스튜디오와 루프톱이 있어 인생샷을 찍기 좋은 공간이다. 갤러리 쏘(010-6555-7009)는 배추를 소재로 한 그림을 감상할 수 있으며 2층 아트 게스트하우스에서는 숙박이 가능하다.

여행 팁

예스파크를 체계적으로 둘러보겠다면 마을 한복판에 자리한 예스파크 한옥안내소(031–638–1994)에서 마을안내 지도를 얻고 직원으로부터 마을 정보를 들은 후 동선을 짜는 것이 좋다. 관광객에게 맞는 체험 공방도 소개해 준다. 중부고속도로 서이천 IC에서 3km 떨어져 있으며 하남 방면 이천휴게소(신둔 IC)에서도 하이패스로 출입이 가능하다.

주변 여행지

설봉공원, 이천세계도자기센터, 산수유마을, 테르메덴온천, 미란다스파플러스

바다에 빠진
제 애마를 구해 주소서

15년 전쯤이다. 영종도 옆에 있는 섬 시도에 드라마 〈슬픈연가〉 세트장이 있다. 세트장 가는 길에 갈림길이 있는데 직진이 정답이었지만 난 우회전을 해 바닷길로 들어갔다. 이 어이없는 선택 때문에 내가 〈슬픈연가〉의 주인공이 될 줄은 꿈에도 몰랐다. 거친 길이 보이자 그제야 잘못 들어간 것을 알아차렸다. 당황한 나머지 차를 돌리다가 그만 바위를 들이받고 모래밭에 바퀴가 빠져버렸다.

모래 구덩이에 빠진 차는 어찌할 방법이 없었다. 손으로 모래를 파내도 늪에 빠진 것처럼 바퀴는 밑으로 들어간다. 문제는 바닷물이 들어오기 시작한 것이다. 도움을 청하고자 주위를 살펴봤지만 저 멀리 갯벌에서 굴을 캐고 있는 할머니뿐, 그 나약한 분이 내 차를 밀어도 별 도움이 되지 않을 것 같다.

미친 듯이 뛰어 마을로 달려갔지만 위로의 말만 해줄 뿐 아무도 도와주지 않았다. 하긴 도움 주려다가 자신의 차도 빠질 수 있으니 충분히 이해는 간다. 휴대전화로 여기저기 통화해 인천의 119 구조본부와 닿았지만 이 외딴섬으로 들어오기가 만만치 않은 모양이다. 밀물이 순식간에 들어오더니 바퀴 아래까지 적셨다. 어처구니없는 장면을 보니 가슴까지 타들어 갔다. 트렁크를 열어 생수병을 꺼내 단숨에 들이켰다. 그저 한심한 나를 탓할 뿐이다.

바닷물은 계속 차오르고 있다. 이젠 차와 이별을 고해야 할 시간. 차에서 중요한 것을 하나씩 꺼내 바위 위에 올려놓았다. 카메라와 렌즈 삼각대, 손때 묻은 지도책 그리고 내가 좋아하는 가수 영조의 CD까지 꺼냈다. 만약 내가 죽음을 눈앞에 둔다면 무엇을 가져갈까? 차라리 이웃에게 내주었다면 훨씬 홀가분하게 세상과 이별하지 않을까? 개똥 같은 상상력을 발휘하며 먼바다만 응시할 뿐이다. 그동안 이 차와 함께했던 추억이 주마등처럼 스쳐 간다.

'여행작가 주인을 만나 고생 많이 했다. 쉬지도 못하고 전국을 내 집처럼 드나들더니 이젠 한겨울에 수영까지 경험하는구나.' 이렇게 나만의 이별식을 거행하며 마지막으로 계기판 앞에 붙어 있는 십자고상을 뗐다. 그 순간 내 입에서 기도가 흘러나왔다.

"주여, 제 애마를 구해 주소서."

꺼져 가는 불꽃, 마지막으로 생명을 갈구하는 기도를 하는데 갑자기 기적이 일어났다. 저 멀리서 SUV 차 한 대가 들어오는 것이었다. 일반 소방관이 아니라 시도의 의용소방대원이 내 차를 구하기 위해 구세주처럼 나타난 것이다. 그러나 뒤로 넘어져도 코가 깨진다고, 자일을 연결해 내 차를 꺼내다가 그만 그 차마저 펄에 빠진 것이다. 나 때문에 또 한 대의 차가 수장될 위기에 놓였다. 혹

떼려다가 혹 하나 더 붙인 셈이다. 죄책감이 엄습했다.

'제 차는 못 구해도 저 죄 없는 SUV는 꼭 구원하소서.'

이젠 바닷물이 내 차 바퀴의 반까지 차올랐다. 하필 바닷물이 가장 높다는 사리였기에 제대로 수장의 맛을 보게 될 것 같다. 앞으로 남은 시간은 10분. 발만 동동 구르고 한숨만 푹푹 내쉬고 있을 때 저 멀리서 포클레인 한 대가 다가오고 있었다. 이번엔 더 센 구세주였다. 아마 의용소방대가 섬 건설 현장을 수소문해 불러온 모양이다.

우선 SUV부터 구해 냈다. 흙을 파내고 이리저리 흔들더니 번쩍 들어 올려 무사히 건져 냈다. 이번엔 더 깊숙이 처박힌 내 차다. 3분 안에 꺼내지 않으면 수장시킬 수밖에 없다. 무슨 방 탈출 카페도 아니고 자일을 차에 묶고 이리저리 흔들더니 바퀴 한쪽을 끄집어냈다.

"힘내라 힘."

차마 눈 뜨고는 볼 수 없는 장면이었다. 기어코 내 차를 돌려놓았다. 장애물인 바위를 넘기 위해서는 또 땅을 다져야 했다. 포클레인이 모래를 한 무더기 들더니 바닥에 뿌리고 묵직한 손으로 땅을 다지는 것이었다. 그 짧은 시간이 얼마나 길게 느껴지던지 기어코 수렁에서 내 차를 꺼냈다. 만약 1분만 더 지체했더라면 이 차와 이별을 고했을지도 모른다. 소방대원들이 얼마나 고마운지 연신 고개를 숙였다.

"저녁이라도 함께 드시지요."

"막배가 6시 30분이니 빨리 배 타고 나가세요."

내가 보기 싫었나 보다. 주머니에 있는 돈을 탈탈 털어 식사나 하시라고 드렸지만 죄송한 마음이 가시지 않았다.

다시 배를 타고 섬을 빠져나왔더니 바다 건너 시도가 보인다.

"내가 다시 시도를 가면 인간이 아니다."

제대하면서 군부대를 바라보며 외쳤던 다짐과 흡사하다.

신공항고속도로를 달렸다. 멀쩡했던 차가 롤링이 심하고 핸들이 심하게 떨린다. 비상등을 켜고 천천히 달렸다. 신공항고속도로-자유로-내부순환도로 그리고 마지막 신내동 내 집을 100m 앞두고 핸들을 꺾었는데 '우두둑' 소리가 나더니 차가 풀썩 주저앉아 버렸다. 차 밖으로 나갔더니 구슬이 길바닥에 나뒹굴고 있었다. 모래가 잔뜩 들어가 차가 견딜 수 없었던 모양이다. 구슬을 유심히 살펴보니 스님의 사리처럼 영롱했다. 그러고 보니 차도 마지막 힘을 다해 여기까지 온 것이다.

만약 내 차가 시도 앞바다에 수장되었더라면, 나를 도와줄 SUV도 잠겼더라면, 고속도로에서 차가 고장 나 사고가 났더라면, 생각만 해도 등골이 써늘하다. 어쨌든 그녀(아내)를 만나기 100m 전에 멈췄으니 얼마나 다행인지 모른다. 어라~ 노래 제목 같네.

차에서 내려 카메라 장비를 어깨에 메고 터덜터덜 집까지 걸어갔다. 그제야 긴장이 풀렸는지 온몸이 저려온다. 바지는 펄 흙으로 범벅이 되었고 모래를 파내느라 손등 여기저기 생채기가 났으며 핏자국이 말라비틀어졌다.

현관에서 마누라가 내 몰골을 보더니

"누구랑 싸웠어?"

"자기야. 나 죽었다 살아 돌아왔어."

철책선에 핀 꽃,
파주 임진강변 생태탐방로

임진강이 가로지르는 파주야말로 늘 전쟁의 한복판에 서 있다. 삼국의 쟁패, 당나라와의 국토회복 전쟁, 임란 때는 선조의 몽진 길이기도 했다. 한국전쟁 때도 총알을 피해 갈 수 없었다. 임진강을 빼앗기면 서울이 위태롭고 북한의 입장에서는 개성과 평양이 위험하기에 양측 모두 뺏고 빼앗기는 전투를 벌여 수많은 사상자를 냈다. 전쟁이 멈춘 휴전선. 이제는 남북이 총부리를 맞대고 있는 현실을 가장 처절하게 느낄 수 있는 곳이 파주 임진강이다.

1971년 미군 제2사단이 서부전선을 한국군에 맡기면서 흉터 같은 철책이 세워졌고 민간인을 통제하는 군 순찰로가 만들어졌다. 2016년 남북 화해 무드가 조성되면서 이곳에 DMZ의 생태를 관찰할 수 있는 탐방길이 만들어졌다. 수십 년 동안 사람의 발길이 없었기에 천혜의 자연의 모습을 고스란히 간직

민통선 철책에 미술작품이 걸린 에코뮤지엄

초평도 쉼터

할 수 있었다.

탐방로는 사전 신청자에 한해 하루 한 차례(09:30, 6~9월은 08:30) 개방되며 임진각–통일대교–초평도–임진나루–율곡습지 공원까지 9.1km, 3시간 반 정도가 소요된다. 혼자 걷는 것이 아니라 생태해설사가 안내하며 걷는다. 철책을 지키는 병사 이야기, DMZ에 얽힌 이야기, 재두루미, 독수리 그리고 길가에 핀 야생화 이야기를 들으면 이 길이 더욱 소중하게 느껴진다.

집결은 임진각 관광지 내 평화의 종각 앞이다. 주의사항을 듣고 무장한 군인들이 지키고 있는 철책선 안쪽으로 들어가게 된다. 통일대교까지는 긴 둑길이 이어진다. 보안상 시야를 확보해야 하기에 철책선보다 높은 나무를 베어 탁 트인 임진강을 품에 안을 수 있다. 통일대교 아래로 길이 놓였는데 이 다리를 통해 현대그룹 정주영 회장이 소 떼 1,001마리를 이끌고 넘어갔다. 소 천 마리에 왜 한 마리를 더했을까? 이를 연결고리 삼아 더 많은 교류를 원했기 때문이라는데 결국 개성공단까지 이어졌다. 목포에서 신의주까지 이어지는 국도 1호 도로이기에 더욱 의미 있다.

통일대교를 지나면 에코뮤지엄이 나타난다. 2010년 대학생 미술 공모전을 열어 역사상 처음으로 민통선 철책에 작품을 건 것이다. 철책을 오선지 삼아 노래 〈우리의 소원〉의 음표가 그려져 있으며 민들레 홀씨가 통일의 꿈을 싣고 하늘을 나는 작품도 만날 수 있다. 이 구간만은 사진 촬영이 가능하며 한국관광공사의 오디(Odii) 앱을 통해 작품 해설을 들을 수 있다.

철책선 안쪽 논에는 왜가리와 백로가 평화로이 노닐고 농민들은 밭에서 분주히 일하고 있다. 초평도에 이르자 평지 길은 사라지고 나무가 빼곡한 숲길이 나타난다. 임진강의 유일무이한 섬인 초평도를 옆구리에 끼고 걷게 되는데 한국전쟁 전에는 세 가구가 살았다고 한다. 지금은 멧돼지와 고라니가 주인이며 비무장지대 속 또 다른 비무장지대로, 50년 이상 사람의 발길이 끊겨 그야말로 생태의 보고란다.

생태의 보고인 초평도

야트막한 산길을 오르내리며 걷다 보면 임진강을 가장 멋지게 조망할 수 있는 임진나루 전망대를 만나게 된다. 예로부터 한양과 개성을 잇는 교통의 요지로 임란 때는 한양을 버린 선조가 의주로 피난 갔던 굴욕의 현장이기도 하다. 칠흑 같은 어둠에 비바람까지 몰아쳐 오도 가도 못한 몽진 일행은 임진강변에 서 있는 화석정을 불태워 주변을 환히 밝혀 강을 건널 수 있었다고 한다. 바로 이 화석정이 10만 양병설을 주장했던 율곡 선생이 만든 정자다. 이 임진나루는 임금님 진상품이었다는 황복과 참게의 산지다.

임진나루를 지나면 제법 너른 길이 나온다. 야생화를 친구 삼아 걷다 보면 생태탐방로의 최종 목적지인 율곡습지 공원이 나타난다. 봄에는 유채, 가을에는 코스모스가 황홀하다. 바람에 일렁이는 누런 보리밭이 장관이며 여름에는 형형색색의 연꽃을 만날 수 있다. 장승과 물레방아를 만들어 놓았고 윷놀이, 투호 등 전통놀이도 할 수 있어 아이들이 좋아한다.

임진각 관광지

실향민들은 설운도의 〈잃어버린 30년〉 노래비 앞에 서길 주저한다. 노랫말을 곱씹다 보면 가슴속에 맺힌 한이 봇물 터지듯 쏟아지기 때문이다. 망배단에는 명절이 되면 북녘을 향해 제사 지내는 실향민으로 북적거린다. 돌로 만든 병풍에는 백두산 천지, 개마고원, 금강산, 압록강, 을밀대, 구월산 등 북한의 명소가 새겨져 있다. 자유의 다리는 내국인은 물론 외국 관광객으로 늘 복잡하다. 휴전 후 첫 포로 교환이 있었던 다리로 국군포로 1만 2,773명이 이 다리를 건너 자유의 품에 안겼다. 임진각 전망대에 오르면 우리나라에서 가장 큰 한반도 형상의 '통일연못'을 내려다볼 수 있다.

자유의 다리 옆에는 비무장지대인 장단역에서 폭격을 맞아 파괴된 증기기관차가 전시되어 있다. 아군의 군수물자를 운반하기 위해 평양으로 가던 중 중공군의 개입으로 오도 가도 못하게 되자 미군은 적군이 이 기차를 활용하는 것을 막기 위해 폭격을 가했다. 1,020여 개의 총탄 자국과 휜 바퀴는 당시 참혹했던 상황을 말해 주고 있다. 증기기관차 위에서 자랐던 뽕나무가 기차 옆에 자라고 있는데 한민족의 생명력을 보는 듯하다.

임진강 평화곤돌라는 국내 최초로 민통선 하늘길을 연결하는 곤돌라다. 임진각에서 민간인통제선(민통선) 내 캠프 그리브스까지 연결되는데 편도 850m다. 밑바닥이 투명한 크리스탈캐빈을 이용하면 발아래에 펼쳐지는 임진강을 볼 수 있다. 왕복 1.7km, 10분 정도 소요된다.

여행 팁

파주 임진강변 생태탐방로 홈페이지(www.pajuecoroad.com)에서 7일 전까지 접수를 받는다. 임진각 평화누리 내 평화의 종각 앞에서 9시 30분에 집결해 10시 정각에 출발하며 6~9월까지는 8시 30분에 집결해서 9시에 출발한다. 폭염기인 7~8월에는 단축코스(4km)로 운영된다. 반드시 신분증을 지참해야 하며 식별을 위해 조끼를 입고 입장해야 한다. 종착지 율곡습지 공원에서 임진각으로 돌아갈 때는 92번 버스에 탑승하거나 파주콜택시(031-1577-2030)를 부르면 된다. **임진각 ⋯› 통일대교 ⋯› 초평도 ⋯› 임진나루 ⋯› 율곡습지 공원**까지 9.1km, 3시간이 소요된다. 코로나19로 인해 개방이 제한될 수 있으니 방문 전에 확인해야 한다.

주변 여행지

반구정, 화석정, 자운서원, 율곡선생묘, 오두산통일전망대

북한을 5km 앞에 두고, 파주 북한군 묘지

전쟁터에 나간 군인들이 가장 두려워하는 것은 죽음이 아니라 자신을 기억하지 못하는 것이라고 한다. 헛된 죽음이 아니라 국가를 위한 고결한 희생으로 기억되길 바라는 것이다.

군인으로서의 사명감은 이런 곳에서 찾아야 하지 않을까?

"Until they are home."

미국은 한국전쟁에서 희생된 8,100여 명의 미군 중 북한에 있는 5,100여 명의 유해를 찾기 위해 1996년부터 북한의 운산, 장진호 등지에서 북한과 공동 발굴 작업을 해 왔다. 그 대가로 2,500만 달러의 비용을 부담하면서 말이다.

우리나라도 유해를 발굴하다 보면 자연스레 북한군, 중공군, 유엔군의 유해를 찾게 된다. 북한에 무려 1천여 구의 유해를 인계하려 했지만 북한의 거부로 단 한 구도 보내지 못하고 있다. 북한에 배신당하고 고향으로도 가지 못한 유해 1천 구가 경기도 파주군 적성면 답곡리 37번 국도변 북한군묘지에 모셔져 있다. 군번도 없고 무명씨라는 이름으로 북녘을 향해 누워 있었다.

불과 5km만 가면 고향 땅인데 말이다.

임진강 적벽을 뛰어넘어라.
연천 국가지질공원

적벽을 찾아서, 임진강 주상절리

50만 년 전 북한 평강지역 오리산과 680m 고지에서 수차례 화산이 폭발했다. 분출된 용암이 남쪽으로 흘러 낮은 지대를 메우며 철원 - 포천 - 연천을 지나 파주의 율곡리까지 흘러갔다. 이 평탄한 화산지역을 용암대지라 부른다. 이 굳어진 용암대지에 강이 흐르면서 풍화작용과 침식작용을 거듭해 국숫발 모양의 주상절리대를 만들어 냈다.

그중 가장 멋진 곳을 꼽으라면 연천 동이리에 있는 임진강 주상절리. 여름에는 수직 절벽이 초록 덩굴로 감싸이며 가을에는 담쟁이와 돌단풍이 붉게 물들게 되는데 일 년 중 10월 중순이 가장 볼 만하다. 이렇게 절벽이 석양에 물들어 붉게 보인다고 해서 '임진강 적벽'이란 별칭을 얻었다. 적벽의 높이는

25m, 길이는 2km로 웅장하다. 임진강 상류 쪽으로 강변길이 이어지는데 임진물새롬랜드까지 걸으면 딱 좋다. 편도 3km, 왕복 1시간 30분이 소요된다. 이 길은 DMZ평화누리길의 한 부분으로 경기도의 11개 코스 중 가장 빼어난 경치를 자랑한다.

치열한 격전지 그리고 유엔군 화장장 시설

임진강 주상절리에서 당포성 쪽으로 가다 보면 중간쯤 움푹 들어간 구릉지에 유엔군 화장장 시설이 숨어 있다. 중공군의 남하로 경기도 연천과 포천지역은 백마고지 전투, 철의 삼각지 등 고지 쟁탈전이 치열해 유엔군 희생자들이 발생했다. 셀 수 없이 많은 시신이 쏟아져 나오자 1952년 이곳에 화장장 시설을 건립해 휴전 직전까지 사용했다. 안타깝게도 건물은 훼손되어 지금은 앙상한 뼈대만 남아 있다. 주변에 있는 돌을 사용해 허튼층쌓기로 건물을 올렸는데 이곳이 화산지대임을 말해 주듯 구멍이 숭숭 뚫린 현무암이 보인다. 그나마 10여m의 굴뚝과 화장장 구덩이가 남아 있는 것이 다행이다. 건물터를 자세히 살펴보면 'ㄱ' 자 형태의 건물임을 알 수 있다. 국명도 생소한 코리아를 위해 푸른 눈의 이방인이 우리 국토를 지키다가 소중한 생명을 바쳤다고 생각하니 가슴이 먹먹하다. 한국전쟁의 유적일 뿐 아니라 유엔군 전사자를 추모하는 시설이기에 더욱 가치가 있다.

화장장을 품고 있는 금굴산은 6·25 때 가장 치열한 격전지로 산 전체가 공동묘지라 해도 과언은 아니다. 당시 이 고지를 지켰던 부대는 벨기에 대대였다. 1951년 4월 중공군이 물밀듯이 내려오자 그만 퇴로가 차단되어 포위된 채 고립되었다. 유일한 탈출구는 임진강. 미군의 공습을 틈타 간신히 임진강을 건넜지만 25m의 수직 단애가 앞을 가로막고 있었다. 적들은 박격포를 가

유엔군 화장장 시설 전경

주상절리대가 2km 이어진 임진강 주상절리

하며 추격해 오는 급박한 상황, 벨기에군은 선택의 여지가 없었다. 초인적 힘을 발휘해 90도나 되는 수직 절벽을 기어올라 적의 추격을 따돌렸다고 한다. 그 단애가 바로 동이리에 있는 임진강 주상절리다.

지형을 절묘하게 활용한 고구려 당포성

연천군은 지리적으로 서해의 뱃길을 이용하지 않고 육로를 통해 평양과 서울을 연결하는 최단 거리의 요지에 있다. 15~20m의 수직 절벽이 길게 형성되어 강을 건널 수 있는 요충지를 장악할 경우, 신라, 백제 세력의 북진을 효율적으로 방어할 수 있게 된다.

호로고루성, 당포성, 은대리성 등 고구려성이 강을 끼고 있는 이유다. 당포성 역시 현무암 대지 위에 만들어졌다. 15m 자연 절벽을 성벽으로 활용했고 평지와 연결되는 동쪽 부분에만 높이 6~7m, 길이 200m 성벽을 쌓았다. 성벽은 주변에서 흔히 구할 수 있는 강돌을 쌓았는데 칙칙한 현무암을 볼 수 있다. 서쪽은 삼각형을 띠고 있어 하늘에서 내려다보면 마치 항공모함을 보는 듯하다. 천연 요새이기에 방어에 유리하고, 시계가 확보되어 적의 움직임을 관측할 수 있다. 서쪽 끝 단애 아래쪽에는 당개나루 포구가 있어 탈출구까지 마련해 놓았다. 한때 서해에서 배를 타고 임진강을 거슬러 올라온 상인들이 새우젓, 소금, 생선 등을 거래했던 교역의 현장이지만 지금은 그 흔적조차 찾을 수 없다.

구석기인의 맥가이버 칼, 전곡리 선사유적지

1978년 동두천 주둔 미군 병사인 그렉 보웬 상병은 한탄강변 유원지를 거닐다가 이상한 돌 하나를 발견했다. 한쪽은 둥글게, 반대쪽은 뾰족하게 날을 세운 구석기 주먹도끼였다. 나무 다듬기, 짐승 가죽 벗겨내기, 자르기, 땅 파기 등 다양한 용도에 사용된 그야말로 구석기시대의 맥가이버 칼이라 하겠다. 30만 년 전에 이곳에 똑똑한 구석기 사람들이 살았다는 증거이기도 하다. 전곡리 구석기 유적 입구는 놀란 표정의 구석기인 조형물이 관광객을 맞이하고 있다. 드넓은 잔디밭에는 코뿔소, 매머드를 비롯한 맹수 그리고 사슴과 멧돼지를 사냥하는 모습 등이 실물 크기로 전시되어 있어 선사시대의 문화를 이해하는 데 도움이 된다.

선사체험마을에서는 구석기 의상 체험, 갈돌을 이용해 곡물 만들기, 장신구 만들기, 발굴 체험 등 구석기로 떠나는 시간여행을 즐길 수 있다. 토층전시관에서는 고고학 발굴 현장을 볼 수 있으며 구석기 산책로를 따라가면 공원 전체를 둘러볼 수 있는데 그 끝에는 뱀이 똬리를 튼 모양의 전곡선사박물관과 연결된다.

여행 팁

한탄강 세계지질공원으로 지정된 곳은 연천과 포천, 철원 일대 26여 곳. 그중 연천이 10개소로 지질과 지형을 테마로 둘러보면 좋다. 주상절리에서 떨어지는 재인폭포, 자갈층을 볼 수 있는 백의리층, 뜨거운 용암이 물을 만나 식으면서 베개 모양을 하고 있는 아우라지 베개용암, 마을의 수호신 역할을 한 좌상바위, 차탄천 주상절리와 은대리 습곡구조 등 대자연의 신비를 만끽할 수 있다.

주변 여행지

숭의전, 재인폭포, 베개용암, 태풍전망대, 연강갤러리, 연천역급수탑

남북 화해를 위한 인사,
그리팅맨

©연천군청

연천 임진강변, 북녘을 마주하고 있는 옥녀봉 정상에는 북녘을 향해 허리를 숙이고 있는 그리팅맨(인사하는 사람)이 서 있다. 이 조형물이 만들어진 시기는 2016년 4월, 북한이 핵실험을 감행해 남북의 긴장이 최고조일 때다. 이 살벌한 시기에 유영호 조각가는 남북 화해를 위해 무엇을 할 수 있을지 고민하다가 휴전선에서 직선 4km 떨어진 이 옥녀봉 정상에 이 작품을 세워야겠다고 결심했다.
높이 6m, 무게 3t에 달하는 푸른 거인은 머리카락이 하나 없는 근육질의 남성이다. 양손을 붙인 채 북쪽을 향해 15도 각도로 허리를 숙이고 있는데 가식적이지 않고 겸손하면서도 정중하게 상대를 존중하는 자세라고 한다. 길에서 사람이 마주칠 때 무심코 지나치면 아무 일도 일어나지 않지만 서로 인사를 나누면 관계가 형성되고 친구가 될 수 있다. 작가는 정중한 인사가 남북 화해의 단초가 되길 원했던 것이다.
작가의 꿈은 옥녀봉을 마주하고 있는 북녘 땅 마량산에 이것과 똑같은 그리팅맨을 세우는 것이다. 하늘 아래 두 조각상이 서로 조우하며 고개를 숙이는 모습을 상상해 보니 가슴이 뜨거워진다. 지금은 여러 제약 때문에 북에 세울 수 없지만 남북이 조금씩만 양보한다면 못 할 일도 아니다. 두 기의 그리팅맨이 통일을 향한 첫걸음이 되길 간절히 바란다.

수도권 최고의 힐링 숲,
가평 잣향기푸른숲

서울 근교에서 가장 인상적인 숲을 추천하라고 하면 가평의 잣향기푸른숲을 손꼽는다. 숲속 깊숙한 곳으로부터 불어오는 바람을 맞으며 구불구불한 산길을 산책하면 몸과 마음이 평온해진다. 가족과 함께 도란도란 이야기꽃을 피우며 걷는다면 더욱 즐거울 것이다.

가평은 전국 생산량의 70%를 차지하는 잣으로 유명하다. 잣향기푸른숲은 153ha, 축구 경기장 450여 개를 합친 넓이다. 80년 이상 된 잣나무 5만 2천 그루가 이쑤시개처럼 하늘을 향해 치솟고 있다. 기존 숲에 손대지 않고 그대로 수목원을 만들었는데 그 숲 사이로 10여km 임도길이 미로처럼 이어지고 있다. 이 길을 전부 걷기란 무리. 4km 순환형 임도 숲길을 2시간쯤 걸으면 충분하다. 잣숲은 진녹색의 잎과 회백색의 나무껍질을 가지고 있어 축령백

림(柏林)이라 불렸다. 건강한 숲이 내뿜는 피톤치드 덕분에 일상에 지친 스트레스가 한 방에 떨쳐 나간다. 거기에다 아토피 피부염을 비롯해 천식과 비염에도 효과적이라고 하니 몸과 마음을 치유하는 숲이라 하겠다.

숲은 축령산과 서리산 자락 해발 450~600m에 있다. 주차장에 차를 대고 위쪽으로 올라가면 축령백림관이 나온다. 잣나무의 특성과 잣의 생산과정 그리고 잣 관련 음식까지 소개하고 있다. 재료비 정도만 부담하면 목공예 체험이 가능한데 반드시 사전 예약을 해야 한다. 백림관 뒤쪽 데크 탐방로를 따라 산책해도 좋지만 좀 더 숲의 속살을 느끼고 싶다면 백림관 아래쪽 임도를 따라 산길을 크게 한 바퀴 도는 것을 권한다. 촉감 좋은 흙길에 길 또한 널찍해 수월하게 걸을 수 있다.

잣나무에 관한 정보를 얻을 수 있는 축령백림관

늘씬하게 뻗은 잣나무와 길가에 핀 나리꽃

두 팔을 벌리고 긴 호흡을 내쉬며 맑은 공기를 마셔 보라. 행복이 가슴 깊은 곳까지 밀려들 것이다. 길섶에는 노루귀, 꿀풀 등 소박한 꽃이 지천에 피었다. 길가의 나무 벤치는 태풍에 넘어간 잣나무를 잘라 만들었다. 그루터기 의자에 궁둥이를 붙이고 친구랑 마음껏 수다를 떨면 딱 좋을 장소다. 경사도 완만해 다리에 무리가 가지 않는다. 곳곳에 명상 공간도 있어 눈을 감으면 자연과 한 몸이 된다. 한여름이면 돗자리를 가져와 나무 그늘에서 늘어지게 낮잠 한 숨 자면 최고의 호사를 누리게 된다.

직선에 익숙한 현대인들에게 굽은 길은 편안한 눈 맛과 심적인 여유를 선물한다. 길에는 잣나무 잎과 송진 가루가 깔려 있어 푹신할 정도로 촉감이 좋다. 잣 열매는 특이하게도 나무 꼭대기에 달려 있다. 사람이 나무를 타고 올라가 일일이 잣을 따야 하는데 국산 잣값이 비싼 이유다. 한때 동남아 원숭이를 데려다가 잣 따는 훈련을 시켰다. 꼭대기에 올라 잣송이를 따오면 바나나를 하나씩 주었는데 끈적한 송진이 손에 묻자 나무에 올라가는 것을 거부하고 바나나만 축냈다고 한다. 결국 쫓겨나다시피 고향으로 돌려보냈다고 한다. 1시간쯤 자연에 몸을 맡기고 호젓하게 거닐다 보면 아담한 호수가 나온다.

산 중턱에 웬 호수가 있을까. 수해 방지를 위해 사방댐을 만들어 물을 가뒀는데 산불 진화 때 헬기 취수원으로 활용된다고 한다. 따뜻한 빛이 내리쬐며 상쾌한 바람이 기분 좋게 해 준다. 호수는 파란 하늘과 구름 그리고 짙푸른 숲을 담고 있는데 그 반영이 그림 같다. 사방댐에서 '새소리길'을 따라 계단과 데크 길을 번갈아 오르면 태풍 때 쓰러진 잣나무가 애처롭게 보인다. 중간쯤 전망대에 서면 잣나무 숲 전체가 눈에 들어온다. 조금만 더 힘을 내고 올라가면 축령산 능선과 연결된다.

축령산과 화전민 마을

사방에 산세가 꿈틀거릴 정도로 장쾌한 풍경이 가슴을 짜릿하게 해 준다. 바람에 흔들리는 억새 사이를 지나니 넓은 헬기장도 나타난다. 저 멀리 높이 보이는 봉우리가 축령산(879m) 정상이다. 태조 이성계가 이곳에 사냥을 와 제사를 지냈기에 축령산(祝靈山)이란 이름을 얻게 되었다. 억새밭을 지나 절고개 사거리에서 좌측으로 하산하면 다시 호수와 만나게 되는데 가는 길 내내 야생화가 지천에 깔려 있다. 호숫가 근사한 벤치에 앉아 잠시 다리품을 팔며 시간을 죽이다 보면 세상이 참 아름답게 보인다.

다시 하산하면 쉼터를 지나 마을이 나온다. 1960~1970년대에 실제 축령산에서 살았던 화전민 마을을 복원했는데 너와집, 귀틀집, 숯가마 등 당시 산골 사람들의 팍팍한 삶을 엿볼 수 있는 현장이다. 물레방아 소리를 들으니 유년의 추억이 떠오른다. 잣나무 숲 터널을 따라 내려오면 드디어 출발지인 축령백림관을 만나게 된다. 잣향기푸른숲 아래는 행원리 마을로 잣국수를 파는 식당이 여럿 있다. 잣을 간 국물과 면발이 절묘하다. 잣두부전골 또한 별미로 여기에 가평 향토 술인 잣막걸리를 걸치면 더할 나위 없다.

화전민 마을

몽골문화촌

잣향기푸른숲에서 힐링하고 고개 너머 몽골문화촌을 함께 둘러보는 것을 권한다. 800년 전 세계를 정복했던 칭기즈칸의 웅혼한 기상을 엿볼 수 있고, 또 다양한 체험거리가 있다. 문화전시관에는 몽골에서 가져온 장신구와 생활 도구, 주방용품 등이 전시되어 있다. 몽골 전통 의상을 입어보고 초원을 달리는 상상을 해 본다. 야외에는 몽골의 전통 집인 게르가 10여 동 전시되어 있다.

여행 팁

유치원생코스(1.13km, 30분), **초등생코스**(3.57km, 1시간 40분), **중고등생코스**(3.1km, 1시간 30분), **성인코스**(4.05km, 2시간)처럼 체력에 따른 숲 코스도 다양하며 인근 축령산과 서리산 등산과 연계할 수 있다. 사방댐에서 새소리길로 올라가 야생화길로 하산하는 부채꼴 코스는 숲과 산을 동시에 즐길 수 있다. 힐링센터에서는 숲속명상, 기체조, 풍욕, 아로마테라피 등 산림치유 프로그램과 생활소품을 나무로 만들어 보는 목공예 체험프로그램이 있다. 숙박시설과 매점은 없으니 도시락과 간식을 싸 오는 것이 좋다. 매주 월요일은 휴관이며 입장료는 1천 원, 주차비는 없다. 기상악화나 폭설 때는 입장을 막는다. 매표소 031-8008-6771

주변 여행지

아침고요수목원, 운악산, 현등사, 축령산자연휴양림, 꽃무지풀무지

연평도 포격, 어머니를 살린 딸

2010년 11월 23일. 북한이 연평도에 포격 도발을 감행한 날이다. 평소에 우리 국군이 포사격 훈련을 많이 해 포 소리가 요란해도 섬마을 사람들은 무디었다고 한다.

오후 2시 30분. 어머니는 차를 마시기 위해 가스 불에 주전자를 올려놓았다고 한다. 그때 초등학교 6학년 딸아이가 학교를 마치고 집으로 돌아오는데 그날따라 포 소리가 너무 커 무서워서 못 가겠다고 엄마한테 전화를 걸었다.

"엄마가 학교로 마중 나왔으면 좋겠어."

가스 불에 주전자를 올려놓아 귀찮았지만 딸이 부탁하니 집을 나섰다고 한다. 집을 나서자마자 포탄이 자신의 집으로 떨어져 박살이 난 것이다. 만약 1분만 늦게 나왔어도 끔찍한 일을 겪었을 것이다. 결국 딸이 어머니를 살린 셈이다.

포격이 얼마나 심했는지 화단에 자라던 은행나무는 불에 타 말라 버렸다. 화염에 휩싸여 껍질은 물론 뿌리까지 전부 타 버렸는데 2018년 나무가 죽은 지 8년 만에 새잎이 나왔다. 비록 아빠 나무는 포탄에 고사목이 되었지만 소중한 생명이 다시 태어난 기적을 보여주었다.

구름 위의 산책,
평창 청옥산 육백마지기

강원도 평창 청옥산 육백마지기는 스크럼을 짠 듯한 산줄기가 마치 알프스를 연상케 한다. 초지에는 형형색색의 야생화가 유혹하며 능선을 따라 풍력발전기가 도열하고 있다.

육백마지기라는 이름은 '볍씨 600말을 뿌릴 수 있는 들판'이라는 데에서 유래되었다고 한다. 1962년부터 벌목하고 땅을 개간해 엄청난 규모의 농토를 일궜다. 농사지을 땅을 얻기 위해 이 험준한 산꼭대기까지 올라온 농민들의 개척정신에 숙연해질 뿐이다. 해발 1,256m, 고도가 높아 한여름에도 서늘해 능선을 타고 온 바람이 가슴팍을 파고들면 짜릿할 정도다. 이 높은 곳까지 자동차로 올라갈 수 있는 것은 큰 매력이다.

청옥산 육백마지기는 평창군 미탄 읍내에서 올라가야 한다. 구불구불한 길

육백마지기 전경

을 5km쯤 달리다 보면 삼거리에 이르게 되고 다시 왼쪽 비포장길을 따라 2km쯤 달려야 최종 목적지인 주차장에 닿게 된다. 마지막 구간은 자갈이 튀고 흙먼지가 자욱해 유년 시절 시골길이 떠오른다.

30여 대쯤 차를 댈 수 있는 주차장은 전망대를 겸한다. 테일게이트를 열면 시원스러운 풍경이 품에 안긴다. 주차장 바로 옆의 구름원은 천상화원으로 패랭이, 하늘매발톱, 구절초, 동의나물, 비비추 등 우리 야생화를 볼 수 있어 걷기만 해도 힐링이 된다.

육백마지기의 하이라이트는 풍경원이다. 6월 말쯤 찾으면 경사면은 솜이불처럼 하얀 데이지꽃이 수놓는다. 가을이 되면 쑥부쟁이, 산국 등이 그 바통을 잇는다. 예배당은 두서너 사람 들어갈 수 있을 정도로 작고 앙증맞아 이미니어처 교회를 배경 삼아 인생샷을 찍는 이들로 북적거린다. 그 앞 무지개

무지개의자에서 바라본 풍경

의자에 앉으면 중첩된 산줄기가 시야에 들어온다. 하늘을 향해 계단이 놓여 있는데 그 끝에는 사랑 고백하기 딱 좋을 '하트 포토존'을 조성해 놓았다. 풍력발전기 1호기까지는 구름 위를 산책하는 느낌이며 2호기 옆에 조성한 팔각정에 오르면 청옥산 육백마지기의 전경이 한눈에 들어온다. 산정에 위치해 산줄기로 넘어가는 일몰은 물론 가리왕산으로 떠오르는 일출까지 감상할 수 있다. 아침에는 골짜기에서 피어오르는 운해를 볼 수 있으며 운 좋으면 은하수와 별똥별이 만들어 낸 우주쇼에 눈이 호강한다.

다시 차로 하산해 아랫마을 닿기 전, 육백마지기 자작나무 숲을 놓치지 마라. 제1포토존에 가면 앙증맞은 자작나무 인형이 서 있으며 나무를 잘라 만든 벤치에 앉아 포즈를 취할 수 있다. 제2포토존까지는 부엽토를 밟으며 걷는 산책로가 그만이다.

동강이 만들어 낸 U자형 지형, 칠족령 전망대

미탄읍에서 마하리 동강어름치마을을 지나면 길은 본격적으로 동강과 손잡는다. 안돌바위는 황새여울에서 뗏목 사고로 목숨을 잃은 남편을 그리워하며 아내가 몸을 던진 비운의 바위다. 안돌바위부터 백룡동굴탐방센터까지는 협소하지만 동강을 옆구리에 끼고 달리는 드라이브길이 환상적이다. 물살 세기로 소문난 황새여울 부근에는 죽은 떼꾼의 명복을 기리기 위해서인가, 길가에 돌탑이 도열하고 있다. 백룡동굴탐방센터에 주차하고 마을 위로 올라가면 팔각정이 나온다. 이곳이 백운산과 칠족령으로 올라가는 시작점이다. 백운산은 뱀처럼 굽이치는 사행천의 진수를 감상할 수 있으나 6.5km, 4시간 50분이 소요되어 만만치 않은 산행코스다. 백운산이 부담스럽다면 문희마을을 출발해 칠족령 전망대에 다녀오는 트레킹 코스를 권한다. 완만한

칠족령 전망대에서 바라본 동강

코스로 왕복 3.4km, 1시간 40분이면 충분하다. 손때 묻지 않는 원시림이 펼쳐져 산림욕하기에 제격이다. 이 외진 곳에 산성의 흔적도 보인다. 삼국이 대립하던 시기, 한강을 차지하기 위한 격전장이었지만 지금은 너무나 평온하다. 다시 10여 분쯤 걸으면 동강이 U자형으로 흐르고 있는 칠족령 전망대가 나온다. 옥빛의 동강은 칼로 자른 듯한 절벽을 깎고 이리저리 굽이치면서 산태극과 수태극을 만들어 냈다.

칠족령은 정선 신동읍 제장마을에서 평창군 미탄면 문희마을로 넘어오는 고개로, 그 옛날 옻칠을 하던 선비집 개가 도망갔는데 그 발자국을 따라가 보니 동강의 물굽이가 펼쳐졌다고 한다. 그래서 옷 칠(漆) 자와 발 족(足) 자의 칠족령이 된 것이다. 그러니까 개가 찾아낸 길로 보면 된다.

태초의 신비, 백룡동굴

아무래도 수은주가 치솟는 여름에는 청량한 백룡동굴 속으로 들어가는 것이 최고의 피서다. 연중 13도를 유지하고 있는 백룡동굴은 조명이나 안내판이 없는, 날 것 그대로의 동굴이다. 장화를 신고 빨간 탐사 옷과 조명이 달린 헬멧, 장갑 등 전문 장비를 착용해야 들어갈 수 있다. 배를 타고 동강을 거슬러 올라가야 동굴 입구에 닿게 된다. 2시간 동안 동굴 가이드의 생생한 해설 덕에 태고의 신비에 흠뻑 빠지게 된다. 백룡동굴은 바다가 융기한 석회암 동굴로 종유석, 석순, 석주 등이 숲을 이루고 있다. 베이컨처럼 속살이 훤히 드러나는 종유석, 가슴을 닮은 석순, 계란 모양의 에그 프라이 석순 등 신이 만들어 낸 조형물에 넋이 빠질 지경이다. 마지막 대형 광장은 만물상 종합선물세트다. 하루 240명, 9시부터 30분에 한 번씩 관람하게 되는데 매 차수 20명을 넘지 않는다.

여행 팁

청옥산에 위치한 카페 육백마지기(010-4304-5911)에서 감자전, 곤드레나물밥과 간단한 음료를 맛볼 수 있다. 평창읍내 올림픽시장 5일장(5일, 10일)이 볼 만하며 산나물, 메밀부침개, 올챙이국수 등 강원도 토속음식을 맛볼 수 있다. 근처 바위공원에서는 기가 막힌 수석들을 전시해 산책 삼아 둘러볼 만하다. 기화양어장횟집(033-332-6277)에서는 부드럽고 고소한 송어회를 도시락으로 구매할 수 있다.

주변 여행지

평창바위공원, 동강어름치마을, 효석생가마을, 허브나라, 평창무이예술관

임플란트 수술을 받은, 남근 종유석

백룡동굴에서 가장 인상적인 것은 남근 모양의 종유석. 길이 40cm, 지름 8cm, 무게 2.2kg, 더구나 종유석 끝에 물방울까지 맺혀 있어 탄성을 자아내게 한다. 그러나 미인박명이랄까. 잘생긴 만큼이나 기구한 삶을 살았다.
1976년 발견된 백룡동굴은 출입을 엄격히 막았지만 당시에는 힘 있는 지역 사람이 관리인에게 압력을 행사해 몰래 들어오기도 했다고 한다. 그러다 1998년 동굴을 구경하던 평창의 모 공무원이 이 명품에 흠뻑 반해 몰래 절단해 집으로 가져간 것이다.
훗날 남근석이 없어진 것을 안 관리인은 출입자 명단을 확인해 경찰관과 함께 그 공무원의 집을 급습했는데 거실에 떡 하니 모셔져 있었다고 한다. 가져간 연유를 물었더니 그에게 딸이 셋 있었는데 이것을 집에 모시고 기도하면 아들을 낳을 것 같아 훔쳤다고 한다. 아들은커녕 직장도 잘리고 철창에 갇혀야만 했다. 다시 남근석을 동굴로 가져와 본드로 붙였건만 허사. 동굴 내 습기가 많아 접착이 되지 않아 자꾸만 떨어졌다. 고심 끝에 내린 최후의 방법은 강남의 유명 치과의사를 데려와 티타늄 나사를 2개 박고 임플란트 수술을 하는 것이었다. 그래서 지금도 봉합 부위를 자세히 살펴보면 레진 자국이 보인다. 치과의사가 이가 아닌 거시기(?) 임플란트 수술을 할 줄 누가 알았겠는가?

백룡동굴
백룡동굴탐방센터
매표소
매표소

바람과 파도가 빚은 조각품, 고성 기암트레일

자연이 만들어 낸 조각품, 능파대 타포니

강원도 고성군 죽암면 문암항에는 능파대라는 타포니 지형을 만날 수 있다. 강원감사 이 씨가 파도가 암석에 부딪치는 광경을 보고 능가할 능(淩), 파도 파(波), 평평할 대(臺)라는 뜻의 능파대(淩波臺)라는 이름을 지어 주었다. 원래 능파대는 문암 해안 앞에 있는 돌섬이었고 섬의 뒷부분은 파도의 힘이 닿지 않아 모래가 쌓이면서 육지와 연결되었는데 이를 육계도라고 부른다. 하얀 파도와 움푹 팬 바위가 볼 만해 마치 영화 〈스타워즈〉에 등장하는 외계 행성에 서 있는 듯한 기분이 든다. 이런 기묘한 바위는 타포니 현상으로 만들어졌는데 파도가 바위를 때리면서 화강암 틈 사이로 소금 성분이 침투해 압력을 가하게 된다. 이 소금의 결정이 점점 자라면서 틈 사이가 벌어져 벌집 모

양의 작은 구멍을 만들어 낸다. 이 작은 구멍들이 또다시 합쳐져 욕조처럼 거대한 구멍을 만들어 낸 것이 타포니 바위다. 멀리서 보면 구멍이 뻥뻥 뚫려 '곰보바위'라는 별칭을 가지고 있다.

능파대에 가면 천태만상의 타포니 바위를 볼 수 있다. 짚신이 서 있는 바위, 갈매기가 입을 벌리고 있는 바위, 보티첼리의 〈비너스의 탄생〉을 연상시키는 조개 바위까지 있어 신화의 고향에 들어선 기분이다. 바위에 붙은 얼음은 티라노사우루스의 이빨처럼 날카롭게 보인다. 이런 기묘한 것들이 한데 모여 바위공원이 되었다. 뻥 뚫린 타포니 구멍에 바다를 넣고 찍으면 재미있는 사진을 건질 것이다. 자연이 만들어 낸 조각품을 편하게 감상할 수 있도록 데크 길까지 만들어 놓았다.

능파대 옆은 문암해수욕장이다. 백사장이 완만한 곡선을 그리고 있는데 성

조개껍질이 소용돌이치며 만든 구멍

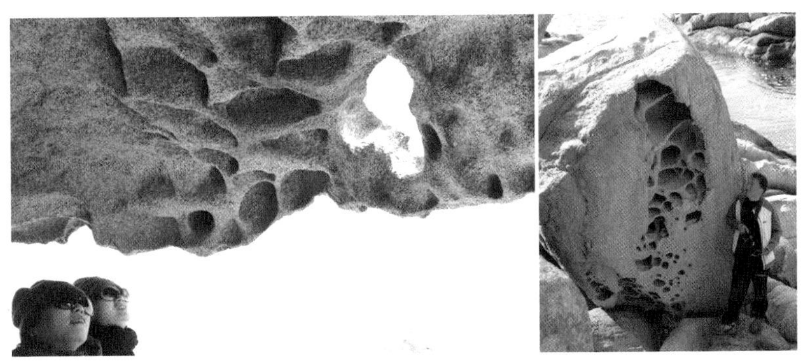

벌집 모양의 타포니 지형과 소금의 결정이 자라면서 틈에 구멍을 낸 타포니 바위

수기가 아니라면 늘 한적해 해변을 거니는 즐거움이 남다르다. 은빛 모래사장과 백두대간의 능선이 어우러져 한 폭의 그림을 만들어 내고 있다.

스누피를 닮은 서낭바위

서핑 인구가 많이 늘었다. 송지호해수욕장에서 한겨울에 하얀 포말 위로 서핑을 즐기는 모습에 감탄하며 '나이가 조금만 젊었어도….' 저질 체력과 세월을 탓하는 탄식만 내뱉는다. 송지호해수욕장 남쪽에 가면 오락실의 두더지 게임기처럼 해변 바위에 10여 개의 구멍이 숭숭 뚫려 있는 것을 보게 된다. 이는 조개껍질이 바위에 들어가 파도에 의해 소용돌이치면서 동그란 구멍을 만든 것이다. 벼랑 쪽을 유심히 살펴보면 여근 바위가 있어 묘한 호기심을 자극한다. 송지호해수욕장에서 오호항 쪽으로 가다 보면 왼쪽에 서낭바위 산책로가 놓여 있다. 솔숲을 따라 타박타박 데크 길을 거닐다가 해안가 계단으로 내려가면 스누피 인형을 빼닮은 '서낭바위'를 만나게 된다. 부채 모양의 바위가 마치 와인 잔의 목처럼 가느다란 바위에 올라서 있는데 거센 파도가 때리면 금방이라도 떨어져 나갈 것 같이 위태롭게 보인다. 원래 이 지역은 화강암 지대였다. 억겁의 세월 동안 풍화작용을 받아 지하에 틈이 생겼는데 그 틈 사이로 마그마가 들어가 암맥을 형성한 것이다. 서낭바위 옆에 있는 암맥이 마치 햄버거 속의 패티 모양을 하고 있는데 서낭바위가 어떻게 조성되었는지 그 해답을 제시해 주고 있다. 서로 다른 재질의 바위가 바람과 파도 그리고 세월이 더해지면서 깎여 나가게 되는데 아무래도 딱딱한 화강암보다 연한 재질의 마그마인 규장암이 더 먼저 깎여 나가 이렇게 와인 잔 형태가 된 것이다. 머리는 화강암, 잘록한 허리는 규장암, 받침은 화강암이라는 삼겹살 형태를 하고 있다. 특히 머리 부분에는 흙 한 톨 없이 바위에 간신히 뿌리내린 소나무 한 그루가 바람과 파도와 싸우며 버티고 있어 생명의 소중함을 일깨워 준다. 뒷머리는 속이 파여 있어 마치 고데기를 머리에 넣은 듯한 느낌이다. 서낭바위 근처에도 독특한 바위가 널려 있다. 돌고래 바위, 소 머리 바위, 사람 옆모습 바위 등 마치 동화책을 펼친 것처럼 흥미롭다. 서낭바위 옆 벼랑 아래에 해신당이 있는데 어부들이 풍어를 기원하는 장소다. 오호리 등대에 오르면 파란 바다와 오호항을 품에 안을 수 있다.

무너진 그리스 신전 기둥, 운봉산 암괴류

동해안 7번 국도를 달리다 보면 너른 들판에 종을 엎어 놓은 듯한 운봉산(285m)이 예사롭지 않게 보인다. 산 정상을 유심히 살펴보면 수백 개의 연필을 다발로 박아 놓은 듯한 주상절리를 볼 수 있다. 750만 년 전 화산활동에 의해 만들어진 현무암이 빠른 속도로 식으면서 다각형 모양의 기둥을 만든 것이다. 마치 그리스 신전의 기둥처럼 말이다. 군부대 옆 주차장에 차를 주차하고 산길로 15분쯤 오르면 주상절리가 풍화작용을 받아 쏟아진 육각 형

스누피를 닮은 서낭바위

얼굴 바위

운봉산의 육각형 암괴류

태의 암괴류를 무더기로 만날 수 있다. 육각 바위가 강처럼 골짜기 아래로 흘러내린 모습이 압권이다.

이 암괴류에는 전설이 묻어 있다. 그 옛날 운봉산에 힘센 장사가 살았다고 한다. 금강산 일만 이천 봉에 들어가려고 힘깨나 쓰는 짐승을 불러 모아 산봉우리를 구름보다 높이 쌓아 올리고 있었다. 그런데 이를 시기한 금강산 장사가 꾀를 내어 금강산 일만 이천 봉이 이미 완성되었다고 거짓 소문을 낸 것이다. 이 말에 속은 운봉산 장사가 산꼭대기 구름 속에서 석 달 열흘을 땅을 치며 울었는데 이때 손으로 내리친 바위가 무너져 흘러내린 것이 이 육각 바위 너덜지대다. 그래서인가 바위에는 눈물과 애통함이 묻어 있는 듯하다.

여행 팁

동해안은 해안 지형을 테마로 둘러보면 좋다. 주문진에서 1.5km 떨어진 소돌해변은 소를 닮은 바위가 웅장하며 바다 산책로가 잘 조성되어 있다. 영화 〈고래사냥〉 촬영지인 남애항은 바닥이 훤히 보이는 유리 전망대를 만들어 놓았고 죽도에 가면 4층 높이의 전망대가 있어 쪽빛 동해를 품에 안을 수 있다. 하조대에서 〈애국가〉 영상에 등장한 소나무를 보고 속초를 지나 고성 능파대, 서낭바위, 화진포까지 지질을 테마로 여행을 즐기면 좋겠다. 고성 화진포 응봉에 오르면 하트 모양의 화진호와 저 멀리 금강산까지 조망이 가능하다.

주변 여행지

통일전망대, 명파해수욕장, 화진포, 건봉사, 왕곡마을, 어명기가옥

3천 개의 돌탑,
강릉 노추산모정탑과 안반데기

신사임당이 없었다면 대학자 율곡 이이가 존재할 수 있었을까? 그만큼 어머님의 힘은 대단하다. 하긴 내 어머니는 매일 자식과 손자를 위해 묵주기도를 바치는 것이 생활의 일부분이었으니까. 혹시 자식이 삐딱하거나 영 말을 듣지 않는다면 노추산모정탑에 데리고 가라. 어머니의 위대한 사랑에 마음이 열릴지 모를 테니까.

강릉시 왕산면 대기리. 지금이야 아스팔트 길이 잘 깔렸지만 예전에는 포장도 되지 않았던 오지 중의 오지였다. 그곳에 노추산이라는 명산이 있는데 공자의 노(魯) 나라와 맹자의 추(鄒) 나라에서 한 글자씩을 따 산 이름을 삼았다. 이 산이 학문을 일으킨 곳으로 여겨졌기 때문인데 모정탑길 초입에 자리한 구도장원비(九度壯元碑)는 9번 시험 쳐 9번을 장원급제한 율곡 이이가 노추산에서 학문을 닦으며 쓴 글을 새긴 비석이란다. 이 비문을 보면 관운이 따른다고 하여 전국의 유생들이 구름처럼 모여들었다고 한다. 그렇다면 효도는 물론 자식의 성적까지 올릴 수 있는 일거양득의 길이기도 하다. 입구는 금강송이 하늘을 향해 치솟고 있어 보기만 해도 마음의 위안을 얻는다. 개울 옆 오솔길을 따라 깊숙한 속내로 들어가면 조용하고 운치 있다.

높이 1~2m 되는 돌탑 3천 개를 상상해 본 적 있는가? 더 놀라운 것은 이 엄청난 탑을 가냘픈 여인 혼자 쌓았다고 한다. 차옥순 할머니는 24세에 서울에서 강릉으로 시집을 와 4남매를 두었으나, 아들 둘을 잃고 남편은 정신질환을 앓게 된다. 모진 삶을 이어가는 것 자체가 고통이었겠다. 그러나 죽으라는 법은 없나 보다. 꿈에 산신령이 나타나 계곡에 돌탑 3천 개를 쌓으면 집안에 우환이 없어진다는 계시를 받게 된다. 남은 두 자녀마저 저세상으로 보낼 수는 없는 노릇. 지푸라기라도 잡는 심정으로 강원도 구석구석을 헤매며 돌탑 쌓을 곳을 찾다가 이 오지까지 들어오게 되었다. 할머니가 처음 이곳을 찾았을 때는 가을이었다고 하는데 당시 한강의 최상류 송천을 건널 다리가 없어 살을 에는 듯한 추위를 견디며 물살을 헤쳐 이곳을 찾아냈다고 한다. 계곡 입구에는 20여 기 돌탑이 일주문처럼 서 있다. 길은 제법 넓은데 올라

어머니의 무한한 사랑을 느낄 수 있는 노추산모정탑길

복원한 할머니 움막

갈수록 좁아져, 깊은 속내로 빨려 들어가는 기분이다. 진안의 마이산 갑사는 돌 쌓는 기술을 가진 도인인 이갑용 처사가 세워 그저 신기하다면 이곳은 오로지 어머니의 사랑으로 쌓았기에 놀라움보다는 안쓰러움이 앞선다. 할머니의 거처가 있는 곳은 거대한 산성이었다. 탑군 가운데에 할머니의 움막이 자리 잡고 있는데 발 하나 뻗기 힘든 1평짜리 공간이다. 이곳에서 비를 피하고 끼니를 때우고 새우잠을 잤을 것이다. 할머니의 손길이 닿았던 호미는 닳고 닳았고 무거운 돌을 이고 날랐던 대야는 다 찌그러졌다.

강원도에 큰 산불이 나자 산에 사는 사람들에게 소거 명령이 내려졌던 적이 있었다. 10년 동안의 돌탑이 하루아침에 무너질 위기였다. 딱한 사정을 안 마을 사람들이 안타까운 사정이 적힌 탄원서를 관에 제출해 결국 불을 피우지 않는 조건으로 돌탑 쌓기를 이어갈 수 있었다고 한다.

1986년부터 돌을 쌓기 시작해 26년이 지나, 마지막 3천 번째 돌탑을 완성하고는 필생의 작업을 마쳤다. 그리고 몇 달 후 2011년 68세의 일기로 세상과 하직하게 된다. 비록 어머니는 먼 곳으로 떠났지만 자식을 향한 고귀한 사랑만은 돌탑으로 남겨졌다. 살아남은 2명의 자녀는 비록 부귀영화를 누리진 못했지만 건강하게 잘 산다고 한다. 2016년 산림청은 돌탑을 국가산림문화자원으로 지정했다. 입구에 노추산 모정돌탑공원이 있으니 부모님의 사랑을 그리며 돌을 하나 얹어 보면 어떨까.

구름도 쉬어 가는 안반데기

아이들 산교육 중 최고는 밤하늘의 은하수를 보는 것. 멋진 별을 만날 수 있는 곳을 하나 꼽으라면 모정탑과 가까운 안반데기다. 1,000m 이상 고산지대에 자리한 안반데기는 떡메로 떡살을 칠 때 밑에 받치는 안반처럼 편편하게 생겼다고 하여 붙은 이름이다. 사람들이 가장 즐겨 찾는 곳은 멍에전망대로, 멍에는 소가 밭을 갈 때 쓰는 쟁기의 한 부분이다. 자갈을 골라 밭고랑을 만들고 비탈을 일궈 옥토로 만들었는데 이 화전민의 애환과 개척정신을 기리고자 돌을 쌓아 전망대를 조성했다. 입이 다물어지지 않을 정도로 엄청난 규모의 배추밭을 볼 수 있는데, 짙은 녹색은 양배추란다. 저 멀리 강릉 시내와 경포대 그리고 동해까지 조망이 가능하다.

멍에전망대와 정면으로 마주하고 있는 봉우리에 일출전망대가 있다. 이곳에서는 동해에서 떠오르는 해를 감상할 수 있다. 아래쪽에 저수지가 있어 운해까지 핀다면 평생 잊지 못할 명장면을 만나게 된다. 일출전망대에서 남쪽으로 가면 야생화 단지가 있다. 한여름 노루오줌이 땅에 박혀 하늘거리는 모습은 감동 그 자체다.

가장 북쪽에는 호루포기전망대가 있다. 입구 피덕령에서 3.72km 떨어져 있으니 고랭지 바람을 맞으며 배추밭 길을 산책하는 재미가 끝내준다. 일명 배추고도. 피덕령에는 차를 마실 수 있는 쉼터도 조성되어 있다. 창문 밖으로 드넓은 배추밭을 볼 수 있으니 색다른 분위기다. 내부는 화전민 사료전시관으로 꾸며져 안반데기 마을 사람들의 고단한 삶과 개척정신을 엿볼 수 있다.

여행 팁

입구 주차장에서 노추산모정탑까지는 1km, 20여 분이면 갈 수 있다. 금강송이 빼곡해 힐링코스로 제격이다. 입구에 자리한 노추산힐링캠프는 송림 아래 캠핑장이 조성되어 있으며 한강의 최상류 송천을 끼고 있어 인기 있다. 안반데기는 봄에는 호밀 초원, 여름에는 감자꽃과 고랭지 채소, 가을 단풍과 겨울 설경 등 사계절이 모두 볼 만하다. 마을에서 운영하는 한옥펜션이 있으며 안반데기 홈페이지(www.안반데기.kr)에서 예약할 수 있다. 멍에전망대 주차장은 취식과 차박을 금하고 있다.

주변 여행지

노추산, 오장폭포, 구절리역, 안반데기, 커피박물관, 발왕산케이블카

추암 촛대바위와
초곡용굴 촛대바위

동해 추암 촛대바위

기억 속에 지워지지 않는 역을 꼽으라면 추암역이다. 역사도 없다. 자갈밭에 추암역이라는 표지판만 달랑 서 있었다. 기차는 이 초라한 곳에 나를 내려주고 훌쩍 떠나버려 열차의 뒤꽁무니를 야속하게 바라보기만 했다. 20년 지나 추암역을 다시 찾았다. 역사 난간을 부여잡고 추암의 해변을 바라보았다. 검푸른 바다는 예나 지금이나 변함이 없었다. 매번 그랬던 것처럼 추암해변의 남쪽 끄트머리 계단을 올라 데크 길을 걸어 전망대에 섰다. 여기서 바라본 추암해변이 제일 예쁜 것 같다. 동해의 해수욕장이 대부분 일직선이지만 이곳만은 활처럼 휜 곡선이기에 더 애착이 간다. 해안을 따라 남쪽으로 더 내려가면 삼척 이사부사자공원 그리고 더 걸으면 증산해수욕장이 나온다. 더

활처럼 휜 추암해수욕장

추암 출렁다리와 추암해변

멀리 시선을 던지면 쏠비치리조트가 성채처럼 보여 애써 고개를 돌려버렸다. 고운 백사장을 품고 있는 추암해변에 발자국을 남겼다. 바다 위 형제바위가 토끼의 귀 모양처럼 보인다. 숲길로 걸어가면 저 멀리 〈애국가〉 영상에 등장했던 촛대바위가 하늘을 찌를 듯한 기상을 보여주고 있다. 억겁의 세월 동안 수많은 파도와 바람이 때려도 꿈쩍하지 않았던 신화 속 주인공 같다.

'남한산성에서 정동방은 이곳 추암입니다.'라는 글귀가 보였다. 남한산성은 청나라에 쫓겨 인조가 몽진하고 항전했던 곳이 아닌가? 왕은 삼전도의 치욕을 당했지만 남한산성 동쪽 끝자락 촛대바위는 수모를 인정하지 않고 우뚝 솟아 있었다.

촛대바위에서 해암정 쪽으로 내려가니 기기묘묘한 바위들이 삐죽삐죽 솟아 있었다. 야속한 파도는 포말을 일으키며 석림을 덮치고 있다. 도제찰사로 있던 한명회는 이 기묘한 바위를 보고 미인의 걸음걸이 같다고 해서 '능파대'라고 이름 지어 주었다. 야트막한 동산을 따라 내려오니 바다를 병풍 삼아 살포시 앉아 있는 해암정을 만나게 된다. 말이 정자이지 사대부집 같이 보인다. 뒤쪽으로 놓인 창문을 여니 능파대의 풍경이 산수화가 되어 걸려 있다. 수많은 시인 묵객은 이를 보고 시심을 돋우었을 것이다. 벽마다 이곳을 스쳐 갔던 문인들의 찬송 글이 가득한데 우암 송시열의 글도 만날 수 있다.

능파대 옆쪽으로 놓인 해안경계 순찰로는 최근에 해안산책로로 바뀌었다. 송림 따라 산책하는 재미가 쏠쏠한데 하이라이트는 길이 72m, 높이 11m로 국내에서 유일하게 바다 위에 놓인 출렁다리다. 바닥에 구멍이 숭숭 뚫린 철망이 깔려 발아래 파도가 철썩이는 장면을 보게 된다. 다리 끝나는 곳, 전망대에 서면 능파대와 촛대바위 그리고 추암해변까지 절경이 한눈에 들어온다. 데크를 따라 크게 휘감아 걸으면 야외조각공원이 나온다. 닭, 바이올린, 수도꼭지 등 재미난 작품이 가득해 벚꽃이 만개하면 데이트 코스로 최고겠다.

삼척 초곡용굴 촛대바위

삼척은 마라토너의 고장으로 불러야겠다. SBS 〈백년손님〉에 등장해 유명세를 탄 이봉주의 처가가 맹방해수욕장 옆 덕산마을에 있다. 이봉주가 장인과 함께 서 있는 조형물이 재미있다. 또 바르셀로나 몬주익의 영웅인 황영조도 초곡마을 출신이다. 어머니가 제주도 해녀로 아르바이트하러 삼척으로 물질 왔다가 남편을 만나 이곳에 눌러살았다고 한다. 어머니로부터 물려받은 튼튼한 심장 덕에 황영조는 가파른 몬주익 언덕을 오를 수 있었다. 황영조의 고향으로만 알려졌던 초곡마을은 이제는 용굴과 촛대바위로 더 유명해졌다. 워낙 빼어난 바위지만 벼랑 아래 놓였기에 접근하기 힘들어 배를 타야만 볼 수 있었다. 삼척시에서 이 벼랑에 해상 데크 길을 만들어 이젠 두 다리로 걸어 촛대바위까지 갈 수 있게 되었다.
촛대바위에 가려면 초곡항에 주차하고 바다 위 해안 데크 길을 따라가면 된다. 거대한 바위섬 꼭대기에 조성한 제1전망대에 올랐다. 제법 높은 곳에 있어 촛대바위길 전체를 조망할 수 있다. 다시 길을 따라 거닐면 반원형의 광장이 나온다. 물고기 2마리가 그려져 있는데 그 사이에 얼굴을 들이대면 괜찮은 사진을 건질 것이다. 뒤를 이어 출렁다리가 나온다. 높이 11m, 다리 중간쯤 바닥이 유리여서 파도가 암초를 때리는 장면을 발밑에서 감상할 수 있다. 소나무는 벼랑에 뿌리내리고 몸을 잔뜩 낮추며 바람과 싸우고 있었다. 코발트 바다 색감에 흠뻑 취해 흐느적거리며 모퉁이를 크게 휘감아 돌았더니 우람한 자태의 촛대바위가 바다 위에 서 있었다. 파도와 바람 그리고 세월과 싸우며 이렇게 멋지게 버텨준 것이 고마울 따름이다. 촛대바위 옆에 있는 삼각형 바위는 역시 예상대로 피라미드 바위다. 이 바위 왼쪽 상단에 작은 거북이 경사면을 오르고 있으니 놓치지 마라. 조금만 더 걸으면 제3전망대다. 여기에서는 전설을 듣고 풍경을 감상해야 그 진수를 느낄 수 있다. 옛날 이 마을에 가난한 어부가 살았는데 꿈에 백발노인이 나타나 '구렁이를 굴에 데리고 가서 제사를 지내면 경사가 있으리라.'라는 말을 남겼다고 한다.

이튿날 배를 타고 나갔더니 정말 죽은 구렁이가 바다 한가운데 떠 있었다. 초곡용굴에 데려가 정성껏 제사를 지내 주었더니 죽었던 구렁이가 갑자기 꿈틀거리더니 용이 되어 승천했다고 한다. 그 후 어부는 바다로 나가기만 하면 그물이 끊어질 정도로 고기를 많이 낚아 부자가 되었다고 한다. 한국전쟁 때는 전화를 피해 마을 사람들이 이 용굴에 숨었다는 얘기도 전해진다.

여행 팁

추암해변에 갈 때는 북평장(3일, 8일)에 맞춰 일정을 잡는 것이 좋다. 동해안 최대의 전통 5일장으로 오징어, 맛조개 등을 파는 수산물시장과 옛 우시장의 향수가 느껴지는 국밥거리를 둘러볼 수 있으며, 메밀묵, 메밀전병 등 강원도 향토별미를 맛볼 수 있다. 추암해변 앞 오토캠핑장은 바다를 마주해 인기 있다. 삼척의 초곡용굴 촛대바위를 간다면 황영조 기념공원, 궁촌과 용화까지 바다를 달리는 해양레일바이크 그리고 한국의 나폴리로 불리는 장호항을 하늘에서 내려다볼 수 있는 삼척케이블카를 묶어 일정을 잡으면 좋다.

주변 여행지

베틀바위, 천곡동굴, 죽서루, 이사부사자공원, 묵호항, 러시아대게마을

한국판 장가계,
동해 베틀바위

동해시 두타산 아래 무릉계곡이 있다. '두타'는 속세의 번뇌를 끊고 불도를 닦는 수행을 말하며 '무릉'은 동양에서 말하는 이상향의 세계다. 따라서 두타산에 오르는 것 자체가 수행의 일부분이며 천상의 희열을 맛보게 해 주는 것이 베틀바위다. 칼처럼 뾰족한 수직 절벽이 하늘을 향해 치솟아 이곳이 선계임을 말해 주고 있는 것 같다. 예전에는 가고 싶어도 워낙 산세가 험해 전문 장비를 갖춘 산악인만 베틀바위를 영접할 수 있었다. 2020년 8월, 두타산 옆구리 길인 베틀바위 산성길이 조성되어 초보자도 쉽게 베틀바위 전망대에 올라 신이 만든 조각품을 감상할 수 있게 되었다.

매표소에서 다리를 건너 무릉반석 가기 전 왼쪽에 베틀바위로 가는 등산로가 있다. 이곳에서 베틀바위 전망대까지 1.5km, 워낙 경사가 급하고 자갈이

이상향의 세계를 상징하는 무릉계곡

많아 1시간쯤 땀을 쏟아야 한다. 초입부터 붉은 껍질의 금강송이 하늘로 치솟고 그 옆에 휴휴명상 쉼터가 놓여 있다. 솔숲에서 불어오는 상쾌한 바람이 세파에 찌든 마음을 정화시켜 준다. 가는 길 내내 암반에 뿌리내린 분재 작품이 발목을 잡는다. 베틀바위 아래는 회양목 군락지다. 척박한 석회암에 100년 이상 뿌리내리며 허브향을 내뿜는 회양목은 그야말로 천상의 향수다. 그렇게 베틀바위 아래를 휘감아 오르면 저 멀리 절벽 위 전망대가 손짓한다. 용을 써 급경사 계단을 오르니 이곳까지 온 것이 대견한지 최고의 볼거리를 선사한다. 짐승의 이빨처럼 삐죽삐죽 솟은 기암절벽이 촛대바위가 되어 하늘을 찌르고 있으며 절벽에 간신히 뿌리내린 노송이 선경을 그려 내고 있다. 하늘에서 질서를 어긴 선녀가 인간 세상에 내려왔다가 비단 3필을 짜고 잘못을 뉘우치고 다시 하늘로 올라갔다는 전설은 이 풍경만 본다면 그냥 믿을 것 같다. 왜 '한국의 장가계'라는 별칭을 얻었는지 이해가 간다.

되돌아가는 것이 못내 아쉬울 때 전망대에서 200m 계단을 오르면 우뚝 튀어나온 바위가 예사롭지 않게 보인다. 미륵바위는 보는 각도에 따라 미륵불, 선비, 부엉이의 모습을 닮았다고 하니 한 바퀴를 돌면서 부엉이를 찾아보라. 아무리 봐도 옆모습은 앙코르와트 바욘사원의 부처를 닮았다. '크메르의 미소'가 아닌 '두타의 미소'에 마음껏 평온을 얻으라.

미륵바위에서 두타산성까지는 600m, 오르막이 아닌 빼곡한 숲을 가로지르는 둘레길이기에 타박타박 걸으며 힐링하기 좋다. 산성12폭포는 12개의 물줄기가 비경을 만들어 낸다. 아래쪽엔 길게 목을 뺀 거북이 바위에 붙어 있는데 거북을 정교하게 조각해 암반에 살짝 올려놓은 듯하다. 조금만 더 내려가면 두타산성. 임란 때 피난처란다. 이곳에는 인간 세계를 향해 힐끔 고개를 돌리고 있는 백곰바위를 볼 수 있다. 다시 지그재그 등산로로 하산하면 유토피아인 무릉계곡을 만나게 된다.

여행 팁

베틀바위 산성길

1코스 **금강송군락지 ⋯› 베틀바위전망대**(편도 1.5km, 1시간)

2코스 **금강송군락지 ⋯› 베틀바위전망대 ⋯› 미륵바위 ⋯› 산성터 ⋯› 산성12폭포 ⋯› 두타산성 ⋯› 옥류동 ⋯› 학소대 ⋯› 삼화사 ⋯› 금강송군락지**(6.5km, 3시간 30분 순환코스)

3코스 **금강송군락지 ⋯› 베틀바위전망대 ⋯› 미륵바위 ⋯› 산성터 ⋯› 산성12폭포 ⋯› 수도골석간수 ⋯› 박달계곡 ⋯› 용추폭포 ⋯› 쌍폭포 ⋯› 선녀탕 ⋯› 옥류동 ⋯› 학소대 ⋯› 삼화사 ⋯› 금강송군락지** (11.5km, 6시간 순환코스)

주변 여행지

용추폭포, 쌍폭포, 학소대, 관음폭포, 하늘문, 삼화사, 무릉반석

폐품의 유쾌한 반란,
충주 오대호 아트팩토리

정크아트는 쓰레기와 잡동사니를 의미하는 '정크(Junk)'와 예술을 의미하는 '아트(Art)'의 합성어다. 즉 일상생활에서 발생하는 폐품을 활용해 제작한 예술작품을 말한다. 오대호 작가는 대한민국에서 정크아트를 개척한 1세대 아티스트이며 그의 작품은 교과서에도 수록되었다. 그의 기발한 작품을 한자리에서 볼 수 있는 곳이 충주 오대호 아트팩토리다.

팩토리는 폐교를 활용하고 있으며 카페 미야우에서 입장권을 끊고 입장하면 된다. 폐교를 리모델링해 교실처럼 꾸민 것이 특징인데 눈으로 감상하는 것으로 끝나는 것이 아니라 직접 작품을 만지고 타고 놀 수 있도록 했다. 그래서 어른들이 덩달아 신나 유년의 추억에 빠지게 된다.

압력밥솥 뚜껑은 모자가 되고 양철판은 치렁치렁한 치마가 된다. 철사는 나비로 변신하며 철조망은 강아지가 되어 짖는다. 자전거 체인은 닭털이 되고 대못으로 만든 고슴도치의 재치에 혀를 내두른다. 페달을 돌리면 소년 인형이 사과를 따게 되는데 이때 기어와 나사의 작동 원리를 배우게 된다. 양이 경주를 하며, 고양이가 쥐를 잡기 위해 내달린다. 다리미 바닥은 얼굴이 되며 소방서에서 폐기한 소화기는 캐릭터 작품으로 탈바꿈한다.

관람객이 직접 작품에 올라 놀이기구처럼 움직이는 로봇은 아이들이 환호한다. 물고기 테마관은 금속 특유의 재질을 활용해 물고기의 움직임을 볼 수 있다. 캐릭터관에서는 뽀로로, 둘리, 미키마우스 등 애니메이션 캐릭터를 만나게 된다.

모션 갤러리는 간단한 조작을 통해 작품이 움직이게 되는데 고양이와 쥐가

폐교를 개조한 오대호 아트팩토리

등장해 머리를 흔들고 발로 달리며 꼬리까지 흔든다. 심지어 눈동자까지 움직인다. 마이클 잭슨이 뒤로 걸어가는 문워크는 그 발상과 아이디어에 탄성을 내지르게 된다. 버려진 기계 부품과 기어를 조립해 벨트를 움직이면서 기계의 동작 원리를 터득하고 스토리까지 즐긴다.

오대호 작가가 기계를 조립하고 용접해 형태를 만들면 전문 미술가가 아이들이 좋아하는 컬러를 입혀 작품을 완성하는데 쓸모없는 폐자재도 예술품으로 재탄생해 환경에 대한 소중함을 알게 해 준다.

고래 등 위에 배가 올라탄 작품은 세월호의 아픔과 아쉬움을 담았다. "만약 그 위급한 상황에서 고래가 세월호를 번쩍 들어 올렸다면 학생들을 구했겠지요." 잠을 청하다가도 아이들이 즐거워할 구상이 떠오르면 바로 작업장으로 달려갈 정도로 그의 예술세계의 원천은 아이 사랑에 있다.

자동차 부품인 라디에이터를 가공해 인체를 형상화한 작품은 그만의 독보적 예술세계로, 겹쳐지는 선과 독특한 재질로 인체의 곡선을 제대로 표현했다. 부서지기 쉬운 재질, 그 단점마저 여인의 아름다움을 표현하는 데 사용한 것이다.

기상천외한 자전거와 라디에이터를 가공해 인체의 아름다움을 표현한 작품

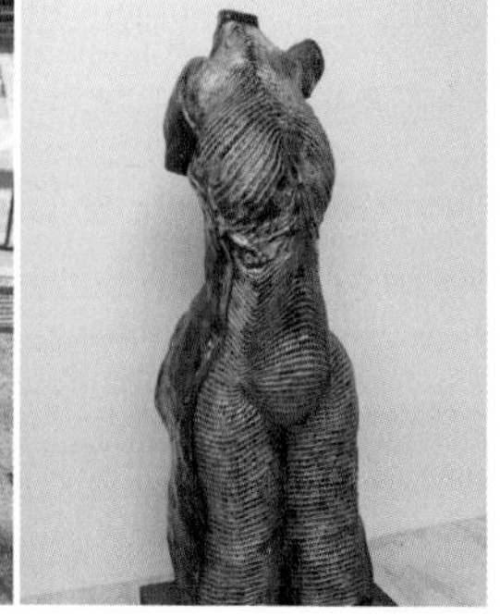

체험장은 아이들이 숨은 끼를 발휘하는 공간이다. 집에서 쓸모없는 폐자재를 가져와 상상력을 동원해 자기가 원하는 것을 만들게 된다. 처음에는 뭘 만들지 막막해하지만 작가의 조언과 손길이 더하면 깜짝 놀랄 만한 작품이 완성된다. 재생 골판지에 볼트와 너트를 활용한 정크아트 키트도 인기 있다.
야외 운동장은 아이들의 로봇 놀이터다. 3m 이상의 거대한 로봇은 포토존으로 손색이 없다. 내부에 철심을 박아 올라타도 안전하다.
"작품이 망가져도 별로 신경 안 써요. 사람만 다치지 않으면 됩니다."
폐타이어로 만든 사자와 낙엽 속에서 헤엄치는 인어공주도 재미있다. 자동차를 반으로 잘라 만든 오토바이와 영화 〈매드맥스〉에 등장할 것 같은 자동차는 실제로 움직인다. 옆으로 움직이는 자전거, 실제 말 타는 느낌의 자전거, 스텝을 밟아 전진하는 자전거, 바람개비 자전거 등 기상천외한 자전거는 모두 작가의 기발한 발상과 정성스러운 손길이 만들어 냈다. 무엇보다 안전을 중요시해 자전거를 모두 삼륜자전거로 제작했으니 넘어질 걱정은 하지 않아도 된다. 만화책을 펼친 것 같은 운동장 위에서 아이들을 마음껏 뛰어놀게 하는 것이 그가 생각하는 교육이다.

충주 봉황리 마애불상군

오대호 아트팩토리에서 충주 방향으로 7km, 15분쯤 가면 충주 봉황리 마애불상군을 만나게 된다. 1978년 햇골산 중턱에서 8구의 마애불상군이 발견되어 역사학계를 놀라게 했는데 한강 유역에서 반가사유상이 발견된 것은 처음이기 때문이다.
햇살이 제일 먼저 비친다는 이름의 햇골산. 제법 경사가 있는 철계단을 따라 중턱쯤 올라가면 두 곳의 불상군을 만나게 된다. 첫 번째는 높이 1.7m, 길이

5m 암반에 반가사유상을 비롯한 불상과 보살상 8구가 양각되어 있다. 다양한 표정을 감상하는 재미가 쏠쏠하며 무릎을 꿇은 공양상까지 보인다. 특히 팽이 모양의 대좌나 갸름한 얼굴은 고구려 양식으로 알려져 있다.

그리고 50여m쯤 떨어진 곳에서 두 번째 마애불 좌상을 만나게 된다. 큼직한 불상은 연꽃 대좌 위에 앉아 있으며 사각형의 얼굴은 강인하며 얼굴 주위에 5구의 화불이 새겨져 있는데 귀엽고 친근한 느낌이다. 보물 제1401호로, 6세기 삼국시대 마애불로 추정된다. 남한강을 따라 불교 문화가 전파되었음을 말해 준다.

여행 팁

오대호 아트팩토리

5factory.kr ☎ 043-844-0741 충북 충주시 앙성면 가곡로 1434번지

우리나라에서 탄산 비율이 가장 높은 앙성탄산온천은 고혈압에 좋다고 한다. 남한강변에는 드라마 〈사랑의 불시착〉 촬영지로 알려진 비내섬이 자리해 드라마 속 감동을 되새겨볼 수 있다. 남한강의 생태를 잘 간직하고 있으며 특히 갈대숲이 좋다. 목계솔밭은 차박과 캠핑 여행지로 유명하다.

주변 여행지

봉황자연휴양림, 문성자연휴양림 짚라인, 청룡사터, 목계솔밭, 중앙탑, 탄금대

남한강을 따라 불교 문화가 전파되었음을 보여주는 봉황리 마애불상군

한국판 루르드,
음성 감곡성당과 반기문 러브 스토리

한국의 루르드 감곡성당

이국적인 분위기의 음성 감곡성당은 사진 찍기 좋은 명소다. 드라마 〈용팔이〉, 〈함부로 애틋하게〉에 등장했을 정도로 고딕 성당이 예쁘다. 원래 성당 자리는 명성황후의 육촌 오빠인 충주 목사 민응식의 집이었고, 1882년 임오군란 때 명성황후가 피신 왔던 피난처였다.

1903년 기와지붕을 가진 목조 한옥 성당으로 지어졌다가 1930년 서구식 교회 건축물로 바뀌게 된다. 일제강점기 때는 억압받는 청년과 아이들에게 우리말을 가르쳐 민족의식을 고취해 준 장소다. 성당 옆에는 한옥과 서양식을 절충한 매괴박물관(구 사제관)이 자리하고 있다.

본당 내부로 들어가면 아치형 천장과 열주가 길게 늘어서 있고 빛이 만들어

매괴 성모 순례지

기적의 성모상

안전보장이사회 체험실

낸 스테인드글라스가 웅장함을 더해 준다. 제단 한가운데 모셔진 성모상은 1858년 성모마리아가 발현한 프랑스 루르드에서 가져왔다고 해서 '한국의 루르드'로 통한다.

1934년에 완공된 감곡성당은 역사의 질곡을 온몸으로 겪는다. 1943년 일제 강점기 때는 신사를 지으려는 시도가 있었지만 기상이변으로 공사가 중단되었다. 한국전쟁 때는 북한 인민군사령부로 사용되었다. 그러나 성당 내에서 기이한 일이 발생하자 그 원인을 성모상이라 여겼고 총을 조준해 7발을 명중시켰다. 그러나 부서질 줄 알았던 성모상이 멀쩡했다. 화가 난 인민군은 다시 기관단총으로 사격을 가했지만 그 총알마저 빗나갔다고 한다. 결국 제단에 올라 끌어내리려 했는데 갑자기 성모상이 눈물을 흘리는 바람에 혼비백산해 도망갔다는 이야기가 전설처럼 전해진다. 그걸 말해 주듯 성모상을 유심히 살펴보면 7발의 총탄의 흔적을 볼 수 있다. 그 기적은 오늘날까지 이어져 이 조그만 감곡성당에서 배출한 신부와 수녀가 무려 150여 명을 넘는다고 하니 훗날의 기적이 더 놀랄 만하다. 성당 뒤쪽으로는 꽃을 감상하며 걷기 좋은 산책로도 조성되어 있으니 마음을 내맡기며 걸어 보라.

복주머니가 맺어준 인연, 반기문 러브 스토리

음성군 원남면 행치마을은 살구나무가 많은 동네로, 반기문 UN 사무총장이 태어나 유명해졌다. 반기문 평화기념관은 외교관 생활 40년 동안 모은 2,800여 점의 기념품과 자료가 전시되어 있다. 한 번에 100여 점씩 전시할 정도로 수장품도 다양하다. 1층엔 UN 총장의 소장물이 대륙별로 전시되어 있으며 세계 각국의 문화와 UN에 대해 배울 수 있도록 꾸며졌다. UN 총장 집무실도 복원해 놓았으며 아이들이 유엔총회를 직접 경험할 수 있도록 안전보장이사회 체험실까지 갖추고 있다.

반 총장의 학창 시절의 가난 극복은 남달랐다. 그의 인생에 결정적 역할을 했던 분은 충주고 2학년 담임이자 영어를 가르쳤던 김성태 선생님이다. 학교 유일의 방송기자재인 녹음기를 반기문에게 내주며 직접 오디오 교재를 만들어 보라고 권했다고 한다.

"기문아. 내가 영어를 가르치지만 발음은 미국의 사투리 수준이니 미국인에게 직접 과외를 받아라."

입에 풀칠조차 어려운 가정형편에 과외는 꿈같은 이야기. 그래서 청주의 비료공장에 가서 외국인 기술자를 쫓아다니며 말을 걸어 보기도 하고 정확한 발음을 녹음해 반복 연습했다고 한다. 처음엔 반 아이들이 모두 찾아가 도움을 청했지만 끝까지 남은 학생은 반기문이 유일했다. 이때부터 영어에 두각을 나타내기 시작했고 적십자연맹이 주관한 청소년적십자 국제견학대회 모집에서 1등으로 뽑혀 한국 대표로 참가하게 되었다. 그러나 주최 측으로부터 뜻밖의 편지를 받게 되었다. 130여 명 학생의 우의를 다지기 위해 각국을 상징하는 선물 교환 시간이 있으니 기념품을 130개씩 준비하라는 내용이었다.

찢어지게 가난했던 반기문에게는 1개도 아니고 130개의 기념품을 준비할 여력이 없었다. 결국 미국 행을 포기하겠다는 의사를 밝혔고 이 소식이 충주 시내로 퍼지게 되었다. 이 안타까운 소식을 접한 충주여고 학생회장은 가사 선생님과 상의 후, 가사 시간에 3학년 여학생들이 정성을 다해 복주머니 130개를 만들게 했다.

드디어 복주머니 전달 D-day. 충주여고 학생회장이 선물을 전달하러 남학교인 충주고를 찾았을 때 이미 교정에는 많은 남학생이 도열하고 있었다. 이 당차고 예쁜 여학생이 바로 충주여고 학생회장이자 반기문의 아내 유순택 여사였다. 훗날 외무고시에 합격하자 장래가 총망한 이 청년에게 고관대작의 중매 자리가 빗발쳤지만 반 총장은 괴산군 장연면 산골 출신인 유순택 여사를 아내로 맞이한다.
미국 행이 정해졌어도 반기문은 입고 갈 옷이 없었다. 어머니가 만들어 준 모시 옷 한 벌이 전부. 그런데 케네디 대통령과 찍은 사진을 보면 근사한 양복을 입고 있었는데, 이는 충주고 선생님들이 100원씩 갹출해 2,700원을 만들어 선물한 옷이란다. 백악관에 방문했을 때 케네디 대통령은 전쟁의 참화를 이겨낸 한국 학생이 궁금했던 모양이다. 반기문에게 장래 희망을 묻는다. 갑작스러운 질문에 담임선생님 말씀이 떠올라 외교관이 되겠노라고 답했다고 한다. 훗날 이 아이가 세계를 대표할 UN 사무총장이 될 줄 누가 알았으랴. 복주머니가 맺어준 인연이 이렇게 아름답고 소중하다.

여행 팁

감곡성당 옆에는 고풍스러운 매괴박물관이 자리하고 있다. 중부지방 최초로 석조 건물인 구 사제관을 개조해 초대신부의 유품과 천주교 관련 유물을 전시하고 있다. 반기문평화기념관은 평화홀, 세계문화체험실, 유엔사무총장 집무체험실, 대한민국과 유엔의 역사, 그리고 한국인 최초의 유엔사무총장을 만나는 반기문기념실 등을 볼 수 있으며 근처에 반기문 초가 생가도 함께 둘러보면 좋다.

주변 여행지

미타사, 설성공원, 큰바위얼굴조각공원, 철박물관, 한독의약박물관

한 끼에 5가지 요리, 제천 가스트로 투어

코로나19 때문에 해외여행이 막히자 그에 대한 분풀이일까, 미식에 대한 욕구가 더욱 강해졌다. 한 끼를 먹어도 제대로 된 음식을 원하지만 도심의 셰프가 운영하는 고급 레스토랑은 10만 원이 훌쩍 넘고 넓은 접시에 콩알만 한 요리가 나와 성에 차지 않는다.

가격이 착하고 푸짐한 요리를 맛볼 수 있는 곳은 없을까? 그렇다면 제천 가스트로 투어에 참여해 보라. 음식과 여행을 함께 즐기는 미식 투어로 2시간 동안 제천 구도심의 약선거리와 전통시장을 둘러보면서 향토음식과 주전부리 5~6가지를 맛볼 수 있는 도심형 미식프로그램이다. 코스는 약선음식의 A코스와 분위기 좋은 B코스로 나뉘며 모두 19,500원이다. A코스는 대파불고기, 찹쌀떡, 하얀민들레비빔밥, 샌드위치, 빨간오뎅 등이 나온다. B코스는 스페셜티커피, 막국수, 소불고기, 승검초떡과 한방차, 빨간오뎅 등이 나온다. 고급커피와 한방차는 분위기 좋은 곳에서 마시게 된다. A, B 코스 모두 화끈한 빨간오뎅으로 끝을 맺는다.

두 코스는 서로 겹치는 식당이 없으니 일단 A코스를 맛보았다면 다음엔 B코스를 이용하면 된다. 2개 코스 모두 가격이 꽤 저렴한데 최소 4인 이상이 되어야 투어가 가능하다. 4인이 들어가면 2인분의 요리가 나오기 때문이기도 하지만, 맛의 도시라는 이미지를 각인시키기 위한 제천시의 파격적인 지원이 더해져 이런 가격이 나올 수 있었다. 이 코스들은 단순히 요리를 먹고 끝나는 것이 아니라 맛 기행 전문 해설사가 골목을 안내한다. 노포의 숨은 이야기와 식재료에 대한 이야기를 들으면 식욕이 돋고 또 음식을 내준 식당이 고맙다는 것을 알게 된다. 2시간 내내 입이 호사를 누리며 몸과 마음이 따뜻해지는 여정이다.

제천 가스트로 투어 명패

A코스(대파불고기 ··· 찹쌀떡 ··· 하얀민들레비빔밥 ··· 샌드위치 ··· 빨간오뎅)

출발지는 제천 시외버스 버스터미널 앞 광장이다. 그래서 기차보다는 버스를 타고 오는 것이 좋다. '제천 가스트로 출발지점'이라 적힌 푯말 앞에서 미식 동행인과 함께 출발한다. 동선은 그리 길지 않다. 길 건너 약선음식 거리를 천천히 활보하면 된다. 오래 묵은 여인숙, 돌집으로 된 모텔, 쌍화차를 마실 수 있는 다방까지 시간이 멈춘 거리는 정이 뚝뚝 묻어난다.

가장 먼저 입을 즐겁게 해 주는 것은 대파불고기다. 얇은 삼겹살에 매콤한 양념을 숙성시켜 화덕에 강한 불을 가하면 요리가 완성되는데 대파채를 곁들여 먹게 된다.

두 번째 맛집은 덩실분식의 찹쌀떡과 도넛. 1965년에 문을 열었으니 반백 년의 역사를 가진 노포다. 크게 확장해 빵 공장을 세울 만한데 선친께 물려받은 그 기와집에서 수제 방식만을 고수해 전통의 맛을 유지하고 있다. 그래서

늘 물량이 달려 문을 열면 2시간 이내에 매진되는 경우가 많다. 재료가 좋아 반죽이 예쁘고 팥이 달지 않아 아무리 먹어도 질리지 않는다. 찹쌀도넛도 먹을 만하다. 가스트로투어 참가자가 맛볼 수 있는 여유분은 늘 남겨둔다. SBS 〈생활의 달인〉 중 대한민국 10대 맛의 달인으로도 선정되었다.

세 번째 식당은 마당갈비의 하얀민들레비빔밥. 약선의 도시답게 제천에는 몸에 좋은 요리가 발달했다. 하루 전부터 불린 흰쌀에 흰민들레 나물을 깔고 표고버섯, 서리태, 흰콩, 대추, 고구마, 감자, 밤 등 몸에 좋은 것들을 돌솥에 넣고 즉석에서 밥을 지어 준다. 타우린 성분이 많은 하얀 민들레는 위와 간에 좋고 피로 해소에 탁월하다고 한다. 김이 모락모락 나는 민들레밥에 양념간장을 넣고 비벼 먹는다. 네 번째는 당일 신선한 재료만을 고집하는 샌드타임의 샌드위치다. 마지막은 제천의 명물 빨간오뎅이다. 꼬치에 꽂은 네모난 어묵에 매콤한 고추장 양념을 묻혀 송송 썬 파와 함께 나온다. 제천이 추운 지역이기에 맵고 칼칼한 음식이 발달했는데 그 대표 음식이 빨간오뎅이다. 동문시장, 내토전통시장, 중앙시장에 걸쳐 10여 집이 성업 중인데 양념 맛이 집마다 다르다. 빨간오뎅 맛 지도가 있을 정도로 제천의 별미다.

약선 메뉴인 하얀민들레비빔밥과 대파불고기

교동 민화 벽화마을

B코스(스페셜티커피 ⋯➝ 막국수 ⋯➝ 소불고기 ⋯➝ 승검초떡, 한방차 ⋯➝ 빨간오뎅)

B코스는 막국수와 소불고기를 먹을 수 있으며 관계의 미학 카페에서 바라스타가 내려 준 수제커피를 마시게 된다. 로스팅하고 드립을 내리는 브루잉 솜씨가 예술이다. 황기와 계피를 넣어 만든 소불고기(대장금식당) 그리고 약선 메밀막국수(상동막국수), 승검초떡은 찹쌀가루에 생당귀 잎을 찧어 넣고 반죽하여 소를 넣은 뒤 둥글게 빚어 잣가루 고물을 묻혀 낸 단자다. 마지막으로 빨간오뎅 집을 찾아간다.

교동민화마을

경복궁 터를 잡은 삼봉 정도전은 풍수지리의 대가다. 제천향교 역시 고려 공민왕 때 정도전이 터를 잡았다고 한다. 뒤에는 용두산이 마을을 감싸고 앞에는 장평천이 흘러 천하 명당으로 알려져 있다. 향교마을은 운수대통이라는 테마를 가진 민화 벽화마을이다. 민화 속 그림에는 "바라고 기리면 이루어진다."라는 민간신앙이 담겨 있다. 출세 길, 학업성취 길, 소망의 길 등 다양한 테마길과 재치 있는 벽화가 탄성을 자아내게 한다. 특히 '용비등천혈' 자리에는 물고기가 용으로 변한다는 〈어변성룡도〉와 조형물이 있어 입시나 승진을 앞둔 사람들이 이곳을 찾아 기를 얻어 간다고 한다.

여행 팁

가스트로 투어는 제천시티투어(citytour.jecheon.go.kr) 홈페이지에서 사전 예약을 해야 하며 4인 이상이면 가능하다. A코스(19,500원)와 B코스(19,500원)가 있으며 미식과 관광을 동시에 즐기는 패키지 상품도 판매한다. 미식 투어를 마치고 역사박물관, 청풍호 케이블카, 청풍문화재단지를 둘러보는 코스다. 제천 사람들의 삶을 느끼려면 전통시장을 둘러보라. 동문시장은 순대골목으로 유명한데 순대를 초고추장에 찍어 먹는 것이 특징이다. 내토전통시장은 빨간오뎅, 떡, 만두 등 주전부리를 맛볼 수 있다. 중앙시장은 포목점과 식육점이 있다. 제천역 앞에 있는 제천역전 한마음시장은 3일, 8일 전통 5일장이 열리며 올갱이해장국, 메밀묵밥, 들깨국수 등 전통 먹거리와 약초를 저렴하게 판매한다. 최근에 개통한 KTX이음을 타면 청량리역에서 제천역까지 1시간 6분에 주파한다.

시간이 멈춰 버린 레트로 마을, 서천 판교마을

코로나19 때문에 심란하다. 영화 〈박하사탕〉 설경구의 명대사가 떠오른다. '나 다시 돌아갈래.' 전 국민이 코로나 이전으로 돌아가고 싶은 생각이 간절하다. 이왕에 과거로의 여행을 하겠다면 세월의 때가 덕지덕지 묻어 있는 서천 판교마을로 돌아가면 어떨까. 가장 순수했던 유년의 시절이 새록새록 떠오르기 때문이다.

판교마을은 전체가 1970년대 영화 세트장이다. 다 쓰러져 가는 슬레이트 집, 글자가 떨어져 나간 통닭집, 허물어질 것 같은 극장, 심지어 일제강점기 때 지어진 2층의 적산가옥도 세월과 공존하고 있었다. 그래서 이곳은 이름뿐인 레트로 여행이 아니라 온몸으로 체감하는 여정이다.

판교 신도시가 IT의 역사를 새로 쓰는 화이트칼라 청년이라면 서천의 판교

금강식당
보신탕전문
951-7289

6개의 도장을 찍을 수 있는 스탬프 지도

마을은 급격히 나이 먹은 노신사 같다. 두 곳 모두 나무판 다리가 있었다고 해서 판교(板橋)라는 이름을 얻었다. 같은 널다리 출신이지만 외형은 전혀 딴판. 남루하지만 정이 뚝뚝 묻어 있는 서천의 판교가 더욱 사랑스럽다.

판교마을에 오면 가장 먼저 판교면 행정복지센터에 주차하고 스탬프 지도를 받으라. 재미 삼아 6개 도장을 꾹꾹 누르다 보면 마을 전체를 둘러보게 된다. 넉넉잡고 1시간이면 돌아볼 수 있는데 스탬프 찍은 지도를 센터 공무원에게 보여주면 판교마을 그림엽서집을 기념품으로 받게 된다.

면사무소를 빠져나와 걷다 보면 판교중학교가 나오고 빨간 지붕을 가진 정미소 건물이 외지인을 맞이한다. 벼가 쌀로 바뀌는 정미 과정 그리고 판교 사람들의 일상을 벽화로 그려 놓았으니 어슬렁거리며 그림을 감상하라. 메인 골목을 따라가면 동일주조장이 나온다. 명필이 쓴 글씨처럼 정자로 또박또박 상호를 썼다. 동일주조장은 박성달, 박호성, 박종욱 3대가 대를 이어 막걸리를 만들어 판교 사람들의 애환을 달랬지만 지금은 세월의 때만 잔뜩 묻어 있다. 골목으로 살짝 들어가면 잡초가 무성한 까만 바위인 현암이 보이는데 판암면 현암리의 정식 지명은 이 까만 돌 때문이란다.

판교마을에서 가장 독특한 건물을 뽑으라면 2층의 적산가옥인 장미사진관이다. 일제강점기 일본인이 살던 집으로 일본어로 '천황폐하 만세, 쌀 주세요.'를 외쳐야 쌀을 얻을 수 있었다고 한다. 당시 11명의 일본인이 지역 경제권을 장악하고 동면 5,515명을 쥐락펴락했다고 한다. 1층은 쌀집과 장미사진관이 사이좋게 나눠 쓰고 있다. 다락방에 오르면 판교마을 일대를 한눈에 조망할 수 있어 감시탑 역할을 했으리라.

적산가옥 앞이 판교장터다. 우리나라 3대 우시장 중 하나인 판교 우시장이 있었다고 한다. 우시장은 사라졌지만 한때 북적거렸던 당시의 모습을 벽화로 그려 놓았다. 새벽에 열렸다는 판교 모시장은 서천, 비인, 한산, 홍산, 임천, 부여, 공주, 남포의 보부상이 모여 거래했다고 하는데 이젠 전설이 되었다.

2층의 적산가옥인 장미사진관

장미사진관 옆은 오방앗간. 명절 때는 100명씩 줄을 섰을 정도로 호황을 누렸다고 한다. 그리고 베이지색 농협창고. 농협의 옛 로고는 세월에 짓눌려 페인트 칠이 다 벗겨져 윤곽만 보일 뿐이다.

충남 서부 문화의 중심지, 판교극장

판교극장은 1970년대 새마을운동 당시 세워진 극장이다. '공관'으로 불렸으며, 부여, 미산, 문산, 비인, 서면, 홍산 등 인근에서 영화를 보러 올 정도로 판교는 물론 충남 서부의 중심지였다. 영화를 비롯해 유명 가수들의 쇼 프로 공연과 콩쿠르도 열렸다고 한다. 극장 앞은 건장한 주먹들이 목에 힘을 주며 건들거렸을 텐데 지금은 쓸쓸하다 못해 적막할 정도다. 월남전 이후 TV가 보급되면서 하강 곡선을 그리다가 아예 문을 닫았다. 1990년대에는 호신술 도장으로 사용되었다고 한다. 지금도 극장 입구에는 '호신술', '차력', '쌍절곤'의 글씨가 쓰여 있는데 당시 도장을 운영했던 분이 지금 서천군 문화관광해설사라고 하니 다시 한번 찾아가 옛이야기를 들어야겠다.

1970년대 당시 문화의 중심지, 판교극장과 판교극장 매표소

이별의 아쉬움, 판교역

장항선을 직선화하면서 오늘날 판교역은 뒤쪽으로 밀려났으며 역사 조형물만 보인다. 눈에 띄는 것은 구 역사 앞의 노송. 1930년대 신봉균과 박동신 씨가 심은 소나무로, 기증자의 이름까지 알 수 있다. 가지가 옆으로 자라 너른 그늘을 만들어 내어 기차를 기다리는 사람들의 쉼터 역할을 했다. 일제강점기 때는 학도병과 위안부 들이 이 역사를 통해 빠져나갔고 6·25 전쟁 때는 전쟁터로 끌려갔던 비운의 장소이기도 하다. 1970년대에는 고향을 등지고 좀 더 나은 삶의 꿈을 안고 무작정 도시로 향했다고 한다. 전쟁과 이별 그리고 아픔과 희망까지 목격한 증인이다.

스탬프 투어의 마지막은 애국지사 고석주 선생상. 하와이에서 독립운동에 헌신했으며 언론인으로도 큰 활약을 했다. 귀국 후 1919년 군산에서 만세운동을 주도한 농촌계몽운동의 선구자다.

여행 팁

신 판교역은 구도심에서 700m 떨어져 있다. 판교를 제대로 보려면 장항선 무궁화 기차를 타는 것이 운치 있겠다. 판교에는 삼성냉면과 수정냉면 집이 40년 연륜을 가지고 있다. 수정냉면은 면발에 도토리 가루를 넣어 쫄깃하고 감칠맛이 나며 소고기를 갈아 넣은 것이 특징이다. 서울에서도 일부러 찾아올 정도로 맛이 독특하니 들러 볼 것을 권한다.

주변 여행지

신성리갈대밭, 춘장대해수욕장, 홍원항, 장항스카이워크

사랑나무에서 인생샷, 부여 가림성(성흥산성)

백제의 흥망성쇠를 지켜본 가림성

내게 가장 아름다운 백제 유적지를 뽑으라면 공주의 공산성도 아니고 부여의 정림사지 오층석탑도 아니고 익산의 미륵사지도 아니다. 난 부여의 가림성(백제 옛 지명)을 최고로 손꼽는다.

가림성을 가진 성흥산은 비록 260m의 낮은 산이지만 평야 지대에 우뚝 솟아 있다. 주변은 계룡산, 대둔산, 칠갑산, 미륵산 등 백제의 위엄이 서린 명산들이 둘러싸고 있으며 백제인들을 먹여 살린 부여의 규암평야와 강경의 논산평야가 드넓게 펼쳐진다. 곡창지대를 헤집고 흘러가는 금강(錦江), 즉 비단처럼 흘러가는 강을 제대로 느끼려면 해 뜰 무렵에 찾아라. 백제의 웅혼한 힘을 느낄 수 있다. 이곳에 서면 중첩된 산 사이로 해가 불끈 솟아오르고 이 햇살에 금강은 황금빛 물결로 바뀌어 도도하게 흘러간다. 이보다 더 금강을 멋지게 조망할 수 있는 포인트가 또 있으랴. 아마 백제를 건국할 때 이 산에 올라 주변 산세를 짚어 보며 도읍지를 결정했을 것이다. 지금이야 배 한 척 보기 힘들지만 융성했을 시기에는 왜와 당나라로 향하는 수십 척의 무역선들이 돛을 펼치며 금강을 통해 대양으로 향했을 것이다. 또한 이곳은 백제부흥운동의 근거지였다. 나라 잃은 유민들은 금강을 마주하며 통곡을 했을 것이

초기 백제의 산성인 성흥산성

400년 느티나무를 양면합성하면 하트모양이 나온다.

성흥산성과 느티나무

다. 금강은 백제의 흥망성쇠를 말해 주는 물줄기이기에 더욱 애절하게 보인다. 겨울에는 7시 전후로 해가 뜨고 정상 아래에 주차장을 조성해 놓아 일출을 감상하기에 좋다.

인생샷 포인트, 사랑나무

그렇게 조용했던 이곳이 21세기 들어 핫한 곳으로 거듭났다. 성안에 400살 먹은 느티나무가 자라고 있는데, 키 20m, 허리둘레 5m, 우람한 몸집으로 성벽 위에 뿌리를 내리고 있다. 이 나무는 〈세종대왕〉, 〈계룡선녀전〉 등 드라마 배경으로 종종 등장하더니 〈호텔 델루나〉에서 깊은 인상을 남겨 연인들의 인생샷 명소로 소문나기 시작했다. 특히 느티나무 사진 2장을 가로로 찍어 한쪽을 돌려 합성하면 완벽한 하트가 완성된다. 독특하고 개성적인 사진을 건지려는 사람들로 북적거려 줄을 서서 사진을 찍을 정도로 인기 있다. 특히 해 질 무렵 사랑나무를 배경 삼아 실루엣으로 사진을 찍으면 제대로 된 사진을 건지게 된다. 젊은 친구들로 북적거리는 사랑나무에서 벗어나 성을 한 바퀴 조용히 둘러본다. 한적하고 운치 있어 자문자답하면서 걷기에 좋다. 지형에 따라 오르내리는 맛도 있다. 주변 백제 땅을 눈여겨보는 재미 또한 쏠쏠하다.

백가의 반란과 무녕왕

『삼국사기』에 등장한 가림성은 백제 동성왕 23년(501년)에 쌓은 성으로, 축성 연대가 알려진 귀중한 유적이다. 동성왕은 당시 위사좌평 백가를 이곳 가림성에 발령을 내, 산성을 지키도록 명했다. 변방으로 쫓겨난 백가는 이에 앙심을 품게 된다. 어느 날 동성왕이 사냥터에서 폭설로 마포촌에 머물자 백가는 자객을 보내 왕을 시해하고 반란을 일으켰다. 동성왕의 둘째 아들 무녕왕은 즉위하자마자 난을 진압했고 백가의 목을 베어 백마강에 내던졌다고 한다.

천년의 고마움, 유금필 장군 사당

가림성 안에 유태사지묘(庾太師之廟)가 있다. 고려 개국공신인 유금필 장군을 모시는 사당이다. 유금필은 후백제를 섬멸하고 고려 태조를 만나러 가다가 임천에 머무르게 되었다. 패잔병들의 노략질이 끊이지 않았고 전염병과 흉년까지 겹쳐 민심이 흉흉했다. 이때 장군은 군량을 나누어 주고 둔전을 운영해 민심을 수습하고 선정을 베풀었다고 한다. 이에 임천의 백성들이 감사히 여겨 사당을 세우고 장군의 공덕을 기렸다고 한다. 부여 출신도 아닌 황해도 평주 출신 유 장군을 위해 임천 사람들은 사당을 세우고 오늘날까지 제사를 지낸다고 하니 그 고마움이 천년을 이어온 셈이다.

타박타박 몇 걸음 걸으면 성흥산(260m) 정상이 나온다. 발굴 조사가 한창인데 백제 초기의 유구가 나오길 기대해 본다. 우물도 보인다. 성안 병사들의 생명수겠다.

수줍은 연꽃 불상, 대조사 미륵보살입상

가림성을 내려오면 대조사 미륵보살입상(보물 제217호)이 서 있다. 10m 높이의 거인 불상이 수줍은 표정으로 연꽃을 들고 있는 모습이 이채롭다. 워낙 거구여서 한 돌로 만들 수 없고 몸체, 얼굴, 보관 3부분으로 나누어 돌을 합쳐 불상을 완성했다. 어깨가 다부지고 옷 주름까지 섬세하게 새겨 놓았다. 사각형의 큼직한 얼굴에 귀는 어깨에 닿을 정도로 컸지만 입은 작았다. 사각 보관을 머리에 쓰고 있는 것이 논산의 관촉사 미륵보살입상을 빼닮았다. 눈여겨봐야 할 것은 바위틈에서 자란 소나무다. 수호신처럼 불상을 지키고 있는데 넓은 차양으로 그늘을 만들어 내고 있다.

대조사 미륵보살입상과 장하리 삼층석탑

성흥산성 느티나무와 별

여행 팁

성흥산 아래 금강 쪽으로 가다 보면 장하리 삼층석탑(보물 제184호)이 마을 안쪽에 포근히 터를 잡고 있다. 높은 키에 납작한 지붕돌을 가지고 있으며, 모서리 기둥과 면석이 분리된 백제계 목탑의 양식이다. 마치 정림사지 오층석탑이 다이어트를 한 모습이다.

주변 여행지

백제문화단지, 궁남지, 부소성, 능산리고분군, 서동요테마파크, 만수산자연휴양림

글씨가 아닌 그림, 사자루의 백마장강

부여 부소산성에서 가장 높은 봉우리(106m)에 사자루가 있다. 동으로 계룡산, 서로 구룡평야, 남으로 성흥산성, 북으로는 울성산성이 조망된다.

동쪽의 영일루가 해를 볼 수 있는 곳이라면 이곳은 달맞이하는 곳이다. 사자루의 현판은 이친왕 이강의 친필이며 뒤쪽은 유장하게 휘감아 도는 백마강을 내려다볼 수 있어 '백마장강(白馬長江)'이라는 독특한 글씨를 볼 수 있다. 白(백) 자를 자세히 보면 오리 모양이며 馬(말)은 거침없이 질주해 다리가 보이지 않는다. 長(장)의 마지막 획순은 길게 늘어뜨려 유장하게 흐르게 했으며 江(강)은 흐르는 물처럼 한 획으로 그어 땅을 휘감아 돌게 했다. 근대의 명필, 해강 김규진의 글씨다. 전국의 명찰마다 해강의 전서체 글씨를 보면서 늘 부러워했는데 이렇게 누각의 글씨도 썼구나.

천년 고을 홍성의 발자취,
천년여행길

고려 최후의 충신 최영, 청산리 전투의 김좌진, 『님의 침묵』의 한용운, 동베를린 사건의 이응노 등 홍성의 인물들은 주로 대가 세고 불의를 보면 참지 못했다. 그래서 홍성 사람들은 인물에 자부심이 남달라 지금도 홍성에서 제일 큰 축제가 역사인물축제다. 그 중심에는 천년을 이어온 홍주성이 있는데, 고려 현종 9년(1018년)부터 홍주라는 지명이 있었으니 천년 동안 내포지방의 중심지라 할 수 있겠다.

서민경제의 심장인 홍성 5일장과 천주교 순교지 등 내포의 큰 고을 홍성의 이야기를 들으려면 홍주성 천년여행길에 오르면 된다. 천년여행길은 장터길, 고암길, 매봉재길, 홍주성길, 골목길로 이루어져 있는데 총길이 8km, 3시간쯤 소요된다.

홍주성 천년여행길

홍성역에서 시작하며 한옥으로 지은 역사가 천년 홍성을 말해 주고 있다. 1922년 일제강점기 때 조성된 장항선은 충남과 전북 평야 지대를 남북으로 가로지르고 있는데 이 역이야말로 대도시로 향하는 출구였다. 역사를 빠져나와 시내 쪽으로 걸어가면 홍주의 역사와 인물을 그린 천년 스토리월이 나온다. 고암근린공원에는 홍성군민 1천 명의 그림 타일이 바닥에 깔려 있다. 다시 시내 쪽으로 걷다 보면 김좌진 장군 동상을 보게 된다. 검지손가락이 향하는 방향이 전승지인 청산리란다. 벽돌로 쌓은 입체 포토존이 특이하다. 홈으로 들어가면 큰 칼을 옆에 찬 김좌진 장군처럼 포즈를 취할 수 있다.

김좌진 장군 동상

노화 방지에 효과가 있는 보신알

철물점의 돈궤

장터 보물찾기, 홍성전통시장

천년여행길의 하이라이트는 홍성 5일장이다. 내포지방 물산이 몰리는 큰 시장이다. 농산물, 축산물, 해산물은 물론 핑크빛 몸빼바지가 펄럭이며, 뻥튀기 아저씨의 '뻥이요!' 고함까지 들린다. 달달한 다방 커피와 계란 노른자가 둥둥 떠 있는 쌍화차를 마실 수 있어 1980년대의 추억을 소환한다. 소머리국밥은 5천 원이라는 가격에 놀라고 그 진한 국물 맛에 반해 버린다. 아직까지 보부상 연합조직인 6군상무사(홍성, 광천, 보령, 청양, 대흥, 결성)가 있으며 지금도 접장이 활동하고 있다. 홍성전통시장은 보물탐험 프로그램을 이용하면 알차게 둘러볼 수 있다. 보물찾기는 금과 은 등 보석을 찾는 것이 아니라 70여 년간 시장 사람들의 희로애락이 담겨 있는 물건이나 장소를 찾는 것이다. 대장간은 3대에 걸쳐 100년을 이어오고 있다. 벌겋게 달궈진 쇳덩이를 집게로 잡고 연신 두드려 농기구를 만드는데 그 받침대 역할을 하는 것이 모루다. 당시 쌀 몇 가마씩 주고 구입한 보물이다. 이 쇳덩이를 식힐 나무 물통은 장인이 직접 만들었다고 한다. 일명 곤계란이라 불리는 보신알은 먹는 보물이다. 병아리가 되지 못하고 부화 중 죽어 나온 계란으로, 노화 방지와 정력에 효과가 있다고 알려져 있다. 아궁이에 불을 때 계란을 쪄 내는 전통 방식을 취하고 있는데 생긴 것(병아리 형태를 볼 수 있는 것), 안 생긴 것(노른자와 흰자가 섞인 것) 중 하나를 주문하면 된다. 노른자와 흰자가 뒤섞여 오묘한 맛을 낸다. 50년 된 도요타 재봉틀도 볼 수 있으며 상엿집은 아직도 성업 중이다. 쌀집의 정육면체 됫박도 신기하고, 철물점 돈궤는 손때가 묻어 반질반질하다. 1등 11번, 2등 29번 당첨된 로또 명당은 희망을 꿈꾸는 사람들로 북적거린다.

순박한 충청도 얼굴을 하나 꼽으라면 홍성 장터 어린이 놀이터에 있는 대교리 석불입상이다. 조선시대 미륵불상으로 땅속에 묻혀 있는 것을 농부가 발견했다고 하는데 눈, 코, 입이 삐뚤어진 데다 왼쪽 볼에는 흉터까지 그어 있다. 어린이가 그린 그림처럼 해맑다. 미륵불을 발견한 농부가 이 불상에 기도 드린 후 자식을 얻었다고 한다. 홍성천을 건너면 고려시대 당간지주도 볼 수 있다.

홍주의병과 천주교 순교성지

홍주의사총은 을사늑약이 체결되자 홍성지역에서 의병을 일으켜 일본군과 싸우다 희생된 수백 명의 유해가 묻힌 무덤이다. 창의사를 끼고 옆쪽으로 홍주의병 기념탑이 보인다. 뒤쪽 오솔길로 들어서면 허리가 잔뜩 굽은 노송이 춤을 추는 듯 군락을 이루고 있다. 그 아래 야생화가 자라고 있는데 들꽃 사랑방에 들어가면 이 향긋한 야생차를 음미할 수 있으며 무인 찻집으로 운영되고 있다. 다시 큰길로 빠져나오면 홍주 천주교 순교성지. 조선 후기 홍주성에 진영이 있었기에 내포의 천주교도들은 이곳으로 끌려와 문초를 당하고 죽임을 당했다. 생매장터, 참수터, 저잣거리, 감옥터, 진영, 동헌 등 모두가 천주교 성지다.

홍주 천년의 상징물, 홍주읍성

홍주읍성 성벽을 따라가면 홍주의 옛 풍경이 그려진 벽화가 나오고 개울을 건너면 석빙고가 아닌 목빙고를 만나게 된다. 원래 세광앤리치타워에 있던 것을 현재의 자리로 옮겨 복원해 놓았다. 홍주 천년의 상징물은 홍주읍성이다. 군청 앞에 오관리 느티나무는 세월의 무게에 가지를 길게 늘어뜨리고 있다. 고려 공민왕 때 심었다고 하는데 역대 관리들이 홍주성에 부임하면 이 나무에 제를 지냈다고 한다. 홍성 군청이 읍성 안에 들어가 있는 것이 독특

오관리 느티나무와 홍주아문

천진난만한 표정의 대교리 석불입상과 절묘하게 꽃을 밟고 있는 벽화 속 아이

하다. 뒤쪽에 자리한 안회당은 원래 목사의 관아로 지금은 찻집으로 활용되고 있다. 여하정은 홍주 목사들의 휴식처다. 홍주아문은 홍성 군청의 출입문으로 솟을대문이 볼 만하다.

여행 팁

홍성군 문화관광홈페이지(www.hongseong.go.kr)에 가면 홍주성 천년여행길 테마코스와 장터보물 탐험 코스가 소개되어 있다. 이 코스대로 걸으면 스토리 가득한 홍성여행이 되겠다. 홍성의 명산 용봉산에 오르면 충남도청이 있는 내포 신도시가 한눈에 내려다보인다. 4월 말 철쭉 산행지로 유명하다.

주변 여행지

남당항, 죽도, 궁리포구, 오서산, 용봉산, 김좌진장군생가, 만해생가

하이힐 덕에 만들어진 계족산 황톳길

대전의 계족산 황톳길은 14.5km로 세계 최장이다. 이 길을 만든 이는 충남지역 소주 회사 더 매키스컴퍼니(구 선양)의 조웅래 회장이다. 그는 고향 친구들과 함께 계족산에 놀러 갔는데 일행 중 여성 한 분이 하이힐을 신고 있어 산행이 힘겨웠다고 한다. 그는 기사도 정신을 발휘해 자신의 운동화를 그녀에게 빌려주고 양말만 신고 산행을 했는데 발끝에 느껴지는 촉감이 너무 좋더란다. 그 후 맨발로 계족산을 걷는 재미를 얻었다고 한다. 그러나 임도의 돌이 위험하다고 여겨 2006년 계족산 전체 임도길을 황토로 덮었다. 길을 조성하는 데 쏟아부은 돈만 60억. 김제에서 가져온 최고급 황토이며 덤프트럭 100대 분이란다. 매일 물을 뿌려 황토의 촉촉함을 유지했고 비가 쏟아지면 직원들이 산에 올라 흙을 메꿨다고 한다. 본인은 황톳길 작업반장이라 칭했고 황토이사까지 임명해 회사 차원에서 길을 관리했다.

거기에다 4~10월 토, 일요일 14:30~15:30에 뻔뻔(Fun Fun) 음악회까지 열었다. 기업인은 이런 마인드와 뚝심이 있어야 하지 않을까 싶다.

'소주로 망친 건강, 맨발 걷기로 되살리자.'

민병갈의 나무 사랑, 천리포수목원

천리포수목원은 국내 최초의 사립수목원이다. 여타 수목원보다 규모가 작을지 몰라도 수종만은 1만 5천여 종에 달한다. 국제적으로 그 가치를 인정받아 2000년 국제수목학회로부터 세계에서 12번째, 아시아에서는 최초로 '세계 아름다운 수목원'에 선정되었다.

튼튼하게 쌓아 놓은 돌담을 따라 수목원 입구로 들어서면 넉넉한 물을 가둔 연못이 나타난다. 이 생명수 덕에 척박한 황무지는 에덴동산이 될 수 있었다. 형형색색의 꽃과 진초록 나무는 거울 같은 연못에 데칼코마니가 되어 반영이 드러난다. 여름철 연못은 원색의 수련으로 가득하며 연못가에는 노루오줌이 대지를 박차고 솜사탕 같은 꽃을 피운다.

천리포수목원의 최고 볼거리는 목련이다. 전 세계 1천여 종의 목련이 자라

1만 5천여 종의 수목을 자랑하는 천리포수목원

고 있는데 이곳에 무려 500여 종이 식재되어 있다. 흔히 목련은 봄에만 피는 꽃으로 알려져 있지만 여름은 물론 가을 목련꽃까지 릴레이 선수처럼 피고 진다. 지름이 40cm인 초대형 목련, 꽃잎이 50장이나 되는 별목련 그리고 노란 꽃잎을 가진 황목련 등 진귀한 목련꽃에 눈이 호사를 누린다. 수목원 중앙에는 설립자 민병갈(Carl Ferris Miller) 박사의 흉상과 그의 유해를 모신 민병갈 나무가 서 있다.

“내가 죽거든 묘를 쓰지 말라. 묘 쓸 자리에 나무 한 그루라도 더 심으라.”

고인의 뜻에 따라 평소 그가 사랑했던 목련 나무그늘에 그의 분골을 묻었고 흉상 옆에는 개구리 조형물이 나무를 지키고 있다. 개구리 울음소리를 유독 좋아해 죽어서 개구리가 되고 싶었던 박사의 뜻을 기린 것이다.

민병갈 박사는 6·25 때 미군 통역 장교로 한국과 첫 인연을 맺었다. 그가 얼마나 한국을 사랑했는지 한국에 첫발을 디딘 순간부터 김치와 된장을 먹었고 한복을 즐겨 입었으며 온돌에 사는 것을 큰 즐거움으로 여겼다. 그가 즐겨 부른 노래가 "짜증을 내어서 무엇 하나~" 하는 〈태평가〉였을 정도로 한국 문화를 끔찍이 사랑했다. 한국의 자연에 심취해 1970년대부터 나무를 심었는데 땅이 거칠고 해풍이 심한 이 민둥산을 세계적 수목원으로 바꿔 놓았다. 그렇다면 수목원을 가꾸기 위한 재원은 어디서 조달했을까? 1953년 한국은행에 입사해 한국 경제의 기틀을 다지는 데 기여했으며, 훗날 모 증권사에 근무하면서 서구식 투자기법으로 큰 차익을 얻었다고 한다. 이 수익으로 해외 경매시장에서 귀한 수목을 구입했다고 한다. 그가 사들인 목련과 호랑가시나무 그리고 동백, 단풍나무 등은 그 종류와 규모 면에서 세계적 수준으로 평가받고 있다. 평생 독신으로 살았지만 자식 키우듯 나무를 사랑했고 부유한 금융인이었지만 근검절약을 철칙으로 여겼다. 말년에는 전 재산을 공익법인에 기증했다. 언제라도 재단 운영이 어려워지면 수목원을 국가로 이관토록 법적인 장치를 마련했다. 1978년에는 감탕나무와 호랑가시나무의 자연 교잡으로 생긴 식물을 발견해 새로운 학명을 학회에 등록했는데 그 수종이 바로 '완도호랑가시'다. 뾰족한 잎사귀와 둥근 잎사귀가 같은 나무에 자라

천리포수목원을 설립한 민병갈 박사와 별 모양을 하고 있는 목련꽃

는 것이 특징이다. 노각나무는 백로의 다리를 닮았다고 해서 붙여진 이름으로 껍질에 얼룩무늬가 있어 '비단나무'라고도 하는데 한국에서만 자생하는 세계적 희귀종이다.

여타 수목원과 다른 점이라면 천리포해수욕장과 접해 있고 물이 빠지면 바다 건너 낭새섬에 다녀올 수 있다. 낭떠러지에 집을 짓고 살아 '낭새'라고 불리는 바다직박구리가 다시 돌아오기를 바라는 마음에서 이름을 지어 주었다. 바다 쪽으로 해송들이 빼곡해 힐링하며 걷기 좋은데 송림 사이로 펼쳐지는 천리포해변과 낭새섬이 특히 볼 만하다.

안내판에는 나무에 얽힌 재미난 이야기가 걸려 있다. 뽕나무의 열매인 오디를 먹으면 소화가 잘 되기 때문에 '뽕뽕' 방귀를 잘 뀌게 되어 뽕나무란 이름을 얻었다고 한다. 회화나무는 학자나 선비 들을 위한 나무로 이사 갈 때 회화나무 종자를 반드시 챙겼다고 하는데 자신이 고고한 학자임을 알리기 위해서였다고 한다. 낙타의 먹이가 되는 가시주엽나무는 나무 전체가 아니라 낙타의 키만큼만 가시가 돋아나 있는 것이 특징이다. 지폐의 재료가 되는 삼지닥나무 그리고 장발족처럼 덥수룩한 잎을 지닌 부탄 소나무 등 희귀종을 보는 재미에 시간 가는 줄 모른다. 아이들을 위한 어린이 정원도 볼 만한데 그네, 토굴, 화분 등 상상력을 자극할 만한 것들로 가득하다.

100만 명의 자원봉사, 태배길

천리포수목원 북쪽 소원면 의항리는 리아스식해안으로 바다 경치가 절묘해 해안 따라 산책하기 그만이다. 전설에 의하면 중국의 시성인 이태백이 한반도에 왔다가 빼어난 절경에 반해 해안가 바위에 한시를 적었다고 한다. 이태백의 이름에서 따온 태배길은 송림이 빼곡해 걷기만 해도 머리가 맑아진다. 신너루해변, 의항해변 등 활처럼 휜 백사장을 지나가며, 전망대에 서면 바다 위로 점점이 떠 있는 섬을 조망할 수 있다. 이곳이 2007년 태안 기름유출사고의 아픈 현장으로 당시 100만 명 자원봉사자들의 땀과 눈물로 시련을 극복해 낸 장소다. 태배전망대에 자리한 전시관에는 기름유출사고부터 복구되는 과정이 전시되어 있다. 의항교회 주차장 – 의항항 – 신너루해변 – 태배해변 – 전통독살 – 태배전망대 – 해송길 – 이태백 포토존 – 의항해변 – 소원초교 – 의항분교 – 의항교회 주차장까지 7km, 2시간 30분이 소요된다.

여행 팁

천리포수목원은 봄에는 400여 종의 목련과 수선화가 가득하며 여름에는 하늘색 꽃을 피우는 수국과 오렌지빛 불을 밝히는 상사화가 주종을 이루며 연못에 핑크빛 수련이 수를 놓는다. 매표소에서 가이드북을 구매해 수목원을 천천히 둘러보면 유익한 시간이 되겠다. 수목원 내 한옥으로 꾸며진 가든스테이에서 하룻밤 보내는 것을 추천한다(**문의** ☎ 041-672-9985 ⓔ www.chollipo.org).

주변 여행지

만리포해수욕장, 소근진성, 신두리사구, 학암포해수욕장, 모항항, 안흥항

진안 용담호 호수 드라이브길과 지질 트레킹

전북 최고의 드라이브 코스를 꼽으라면 진안의 용담호 호수길이다. 하늘에서 내려다보았을 때 호수의 형상이 꿈틀거리는 용을 닮았다고 해서 용담호라는 이름을 얻었다. 그래서 용의 형태를 더듬으며 달리는 호반 드라이브 코스가 68여km에 달한다. 교량 구간이 많으며 수변 전망대와 스토리 가득한 포인트가 즐비하니 호수를 품에 안으며 달리다 보면 스트레스가 저만치 간다. 진안읍에서 출발해 상전면, 안천면을 지나 용담댐으로 이어지는 코스와 용담댐에서 정천면까지 한 바퀴 돌고 구봉산과 운일암반일암까지 일정에 넣으면 하루 드라이브 코스로 최고다. 이른 아침 물안개가 피어오를 때 물위에 뜬 육지가 섬처럼 보여 수묵화를 만들어 낸다.

사색의 정자, 태고정

환상의 호수를 따라 달리면 용담호사진문화관이 나온다. 수몰 지역에서 촬영한 사진과 유물을 모아 전시하고 있다. 조금 더 달리면 3층의 정자인 태고정이 보인다. 호수를 가로지르는 용담대교를 가장 멋지게 볼 수 있는 절경 포인트다. 팔각 정자에 앉아 물을 바라보기만 해도 힐링이 된다. 4개의 기둥이 여의주 형태를 받들고 있는 망향탑도 서 있다. 1991년 집과 전답을 잃고 조상 대대로 살아오던 고향을 떠나 망향의 한을 되새기고자 동산을 건립한 것이다. 옆에는 한국전쟁 때 참전한 21명의 영웅을 기린 충혼탑이 서 있다. 태고정은 원래 용담면 주자천 옆 절벽 위에 있었는데 수몰로 인해 지금의 자리로 옮겨졌다. 태고정 현판은 송준길이 썼으며 〈용담태고정기〉는 송시열 글씨로 양송의 글씨를 한곳에서 만날 수 있다. 수몰된 고인돌도 이곳에 옮겨 놓았다. 운암마을에선 승천하는 용과 삼 형제의 전설이 묻어 있는 용바위를 볼 수 있다. 학교가 수몰된 상전초등학교 총동창기념비는 안쓰럽게 보인다. 팔각정에 올라 물속에 잠긴 마을을 그려 보면 좋겠다.

태고정에서 바라본 용담호

섬바위와 캠핑장

용담댐과 섬바위

용담댐은 진안군의 1개 읍, 5개 면을 수몰시켜 만든 거대한 담수호다. 전주, 익산, 군산, 김제 등 서해안 300만 명의 주민들의 식수와 공업용수를 공급해 전북 경제의 젖줄이라 하겠다. 물문화관에 들어가면 물에 대한 흥미진진한 이야기, 이주민들의 애환이 전시되어 있다. 야외에는 철제, 음료수 캔 등 일상의 폐품을 활용해 예술작품으로 재창조한 작품 100여 점이 전시되어 있다. 호수를 바라볼 수 있는 벤치가 있고 잠시 사색에 젖어도 좋겠다. 댐 아래쪽에는 〈애국가〉 영상의 배경으로 등장했던 섬바위가 자리하고 있다. 〈캠핑클럽〉에서 핑클의 성유리가 '요정이 살 것 같다'고 극찬해 유명해진 곳으로 조용하고 그림 같은 경치가 일품이다. 캠핑장은 무료로 운영되며 금강을 따라 이어지는 벼룻길이 유명하다. 벼랑을 따라 걸으면 감동마을까지 다녀올 수 있다. 특히 금강에 반영된 숲이 볼 만하다.

운일암반일암의 부처바위

구봉산과 운일암반일암

구봉산 산행도 좋지만 아래에서 바라본 9개의 봉우리 전경을 감상하는 것도 괜찮다. 마치 봉우리가 스크럼을 짠 듯한데 화산이 폭발하면서 분출한 마그마가 굳고 오랜 세월 동안 풍화와 침식을 거쳐 약한 부분이 깎여 나간 것이 기묘한 산세를 만들어 냈다. 비 오는 날 운무가 깔리면 그야말로 선경을 연출한다. 구봉산을 지나 부귀면에 들어서면 메타세쿼이아 가로수가 도열한다. 아우디 CF에 등장했고 영화 〈국가대표〉에서 스키 선수들이 연습했던 장소다. 지명 그대로 눈이 부귀를 누리는 길이다. 주천면에서 좌회전하면 진안의 숨은 보석인 운일암반일암이 나타난다. 계곡은 하늘과 돌 그리고 나무만 있을 뿐 오가는 것은 구름밖에 없다고 해서 운일암이라 했고, 하루 중에 해를 반나절밖에 볼 수 없어 반일암이라 불렀다. 천태만상 동화 속 바위가 볼만한데 집채만 한 바위가 계곡에 굴러다니고 있다. 끈적한 용암이 분출해 쌓

운무가 낀 구봉산

이고 급격히 식으면서 수직, 수평 절리들을 만들어 냈다. 대불바위는 부처가 앉아 있는 형상이며 족두리바위, 비석바위, 천렵바위 등 보물찾기하듯 찾아보는 재미가 있다. 도덕정에 오르면 부처바위가 정면에 들어온다. 마이산, 구봉산과 함께 진안, 무주의 지질공원으로 지정되었다.

천반산 감입곡류하천과 가막리들

상전면을 지나면 섬처럼 보이는 천반산을 만나게 된다. 진안읍과 장수군의 경계선인 죽도는 삼국시대 산성이 있는 천연 요새다. 죽도는 육지 속 섬처럼 통하는데 전설에 따르면 조선의 혁신적 사상가 정여립이 역적으로 몰리자 관군에 대항해 최후의 항전을 벌였던 곳으로 알려져 있다. 고개 옆 주차장에서 450m, 10여 분쯤 산을 오르면 전망대가 나온다. 그곳에서 융기와 침식이 반복돼 만들어진 U자형 곡류하천을 내려다볼 수 있다. 산줄기가 마치 거대한 항공모함을 연상케 한다. 예능 〈1박 2일〉에 등장했던 가막리들은 장막이 겹겹이 막은 듯한 첩첩산중을 뜻하는데 비가 오면 땅이 질퍽거리고 길이 험해 마을 입구에 차를 주차하고 걸어가는 것도 좋다. 수직 절벽을 감상하며 10여 분쯤 걷다 보면 커튼을 연 듯한 암벽 풍경을 만나게 된다. 원래 용담호였는데 농업용수를 끌어들이기 위해 산줄기 암반을 폭파했다고 한다. 그러고 보니 죽도는 인간이 만들어 낸 인공섬인 셈이다.

● 여행 팁

1992년 용담댐이 건설되면서 새로 개설된 도로가 40km쯤 된다. 월평리에서 시작해 봉학리, 갈용리, 모정리를 거쳐 용담면, 주천면, 안천면, 상전면 등으로 이어지는 도로로, 300m 높이의 작은 산과 골짜기를 휘감아 도는 드라이브길로 교량이 많고 호수면 40~50m 높이로 달리게 된다. 호수 한 바퀴를 돌아볼 수 있도록 순환형으로 연결되어 있으며 단풍 가로수가 많아 10월 중순쯤 가면 물에 비친 반영을 볼 수 있다.

● 주변 여행지

마이산, 홍삼스파, 이산묘, 데미샘, 운장산자연휴양림

천반산 감입곡류하천과 죽도

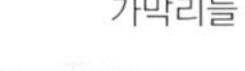

가막리들

죽기 전에 한국판 불꽃놀이인 낙화놀이를 꼭 보셔요

내가 매년 무주반딧불축제를 찾는 이유는 순전히 낙화놀이를 보기 위함이다. 정월 대보름날 강가에 사는 주민들이 주로 이 놀이를 즐겼는데 일제강점기 때 대부분이 사라졌다. 마을 사람들이 한마음이 되어 단합되는 것이 두려웠기 때문이다.

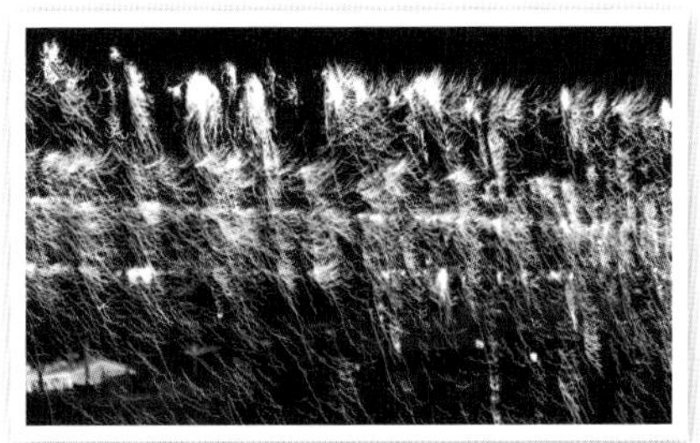

지름 8cm, 길이 50cm 소시지 모양의 한지 주머니를 만들고 뽕나무나 소나무 껍질을 태워 숯을 만들어 곱게 빻아 소금 뭉치와 함께 가득 채운다. 이를 긴 줄에 4~5m 간격으로 매달고 양쪽에 불을 붙이면 불이 줄을 타고 들어가 낙화 순대에 불꽃이 일게 된다. 소금 덕에 '타닥타닥' 소리가 나는데 은근히 듣기 좋다. 숯가루가 바람에 날려 떨어지는 것이 마치 꽃가루가 떨어지는 것 같다고 해서 낙화(落花)라는 이름을 얻었다. 최절정에 달하면 불꽃은 폭포처럼 쏟아진다. 이때 강물이 황금빛으로 물들게 되는데 조선시대 선비들은 배에 올라타 황금빛 강을 유유히 가르며 풍류를 즐겼다고 한다. 서양식 불꽃놀이는 아래에서 위로 순식간에 불꽃이 사방을 수놓는데 이 낙화놀이는 위에서 아래로 서서히 불꽃이 떨어진다. 붉은 기운은 질병과 액운을 내쫓으며 좋은 일이 가득하길 바라는 의미를 담고 있다.

현재 낙화놀이는 안동 하회마을, 함안 괴항마을, 무주 두문마을이 명맥을 이어오고 있다. 일부러 불을 끄지 않으면 낙화의 불꽃은 무려 1시간가량 이어지는데 순간이 아닌 은은함이 매력이다.

일생의 한 번쯤 낙화놀이를 꼭 보길 바란다. 이걸 보지 못하고 죽는다면 좀 억울할 것 같다.

일상에 지친 이들을 위한 공간, 완주 산속등대와 아원고택

외로운 섬이나 바닷가에 우뚝 서서 어둠을 밝혀야 할 등대. 이런 고정관념을 한 방에 떨쳐 버릴 수 있는 곳이 완주군 소양면 산속등대다. 40여 년간 내륙의 제지공장에서 연기를 내뿜었던 굴뚝이 산속의 등대로 거듭나 한국의 테이트 모던을 꿈꾸고 있다. 등대 옆에는 흰수염고래까지 유영하고 있어 상상력을 자극하게 해 준다. 일상에 찌들어 머리가 잘 돌아가지 않거나 기발한 아이디어가 필요하다면 이곳을 어슬렁거려라. 갑자기 떠오르는 영감에 무릎을 탁 칠 수 있으니까.

산속등대는 1980년대 제지공장을 그대로 살린 복합문화공간이다. 매표소 앞은 기억의 파사드로 공장 형태의 조형물이 보인다. 마당은 아이들이 뛰어놀 수 있도록 잔디를 깔았고 '모두의 테이블'이라 불리는 콘크리트 구조물을

산 풍경이 좋은 아원고택

살펴보면 하천의 자갈을 토목재료로 사용해 과거 우리 공사의 특징을 볼 수 있다. 길이 23m가 넘는 국내 최장 테이블에서 맛난 요리를 놓고 야외파티를 한다니 상상만 해도 즐겁다.

제1미술관은 보존상태가 완벽한 형태의 건물로, 동심을 주제로 한 작가를 선정해 모험심과 상상력을 느낄 수 있는 작품을 전시하고 있다. 그래서 작품이 밝으며 액자를 듬성듬성 배치해 여백의 미를 강조하고 있다.

공장 벽면에는 '자조, 협동, 닦고 조이고 기름치자'라는 빛바랜 표어를 그대로 살렸다. 그 안쪽에 '슨슨카페'라는 통유리 건물을 배치했는데 공장 건물이 새로운 건물을 껴안고 있는 형상이다. 가운데에 연못을 배치해 카페의 반영을 볼 수 있다. 카페 내부에는 길이 7.2m 국내 최장 우드슬랩이 들어가 있다. 이 거대한 테이블에 앉아 커피를 마시면 왠지 대자연의 기운을 얻을 것만 같다. 1980년대 공중전화부스 안에는 태블릿 PC가 있어 누구나 노래할 수 있다. 공중전화 노래방이라니 재미난 착상이다.

컨테이너 45개를 붙여 만든 어뮤즈월드는 아이들의 창의력을 위한 체험 공간이다. 예술, 요리, 게임, VR 등 어린이와 청소년만의 전용 공간으로 성인의 출입을 막고 있다. 폐수처리장은 원래 벙커놀이터로 만들려고 했으나 철거 즈음 산에서 내려온 개구리가 쉬고 있는 것을 발견하고는 즉시 공사를 중단하고 과감히 개구리 놀이터로 바꿨다. 무당개구리, 청개구리, 맹꽁이 등의 보금자리로 그들이 쉴 수 있도록 조용한 관람을 부탁한다는 안내 문구가 왠지 고맙다. 폐수처리시설을 활용한 야외 공연장은 로마의 콜로세움을 닮았다. 안쪽에 피아노까지 놓아 색다른 느낌이다. 버스킹 무대이며 관람석은 공장의 콘크리트 구조물을 사용하고 있다.

아원고택의 다락방 카페

산속등대와 흰수염고래와 로마 콜로세움을 닮은 야외 공연장

높이 33m 빨간 산속등대는 이 문화 공간의 심장이다. 버려진 굴뚝은 망망대해를 밝히는 길잡이 역할을 하고 있다. 문 닫기 10분 전, 등대는 은은한 불빛 쇼를 보여준다. 등대 옆에는 흰수염고래가 보인다. 길이 33m로 현존하는 고래 조형물 중 가장 크다고 한다.

나의 정원, 아원고택

송광사를 지나 종남산 자락 속내로 들어가면 오성한옥마을이 나온다. 23채의 한옥이 터를 잡고 있는데 그중 최고는 아원(我園)고택이다. 한옥도 예쁘지만 집 안에서 바라본 바깥 풍경이 100만 불짜리다. 영상미를 최고로 치는 삼성 TV CF에 등장했으며 방탄소년단(BTS) 뮤직비디오에 소개되어 전 세계 아미들의 로망이 되었다. 아원고택은 경남 진주의 250년 된 고택을 분해해 산중턱에 옮겨놓았다. 전통가옥이 자연과 절묘하게 만나고 또 현대의 세련미까지 더해 완벽한 공간을 연출한다. 천지인, 사랑채, 안채, 별채 4개 동 11실 객실로 이루어져 있다. BTS가 이곳에 일주일간 머물며 한복을 입고 화보를 찍어 유명해졌다.

입구는 미디어 아트인 아원갤러리에 있다. 관람료는 1만 원, 노출 콘크리트 건물이며 높은 복도가 신전처럼 보인다. 긴 복도를 따라 안쪽으로 들어가면 이내 탁 트인 공간이 나온다. 여닫이 천장에서 햇살이 쏟아지고 실내 연못을 비추고 있다. 실용성과 예술미가 돋보이는 건축물이다. 듬성듬성 원목 탁자가 놓여 있고 다락방에 자리 잡으면 통창이 액자가 되어 정원이 보인다. 계단을 올라 야외로 나가면 사랑채인 만휴당(萬休堂)이 나온다. 대청마루에 앉아 종남산과 연못에 반영된 하늘 풍경을 감상하노라면 모든 시름이 사라진다. 화분이 된 항아리도 재미있고 뒤쪽의 대숲은 한옥의 미를 더해 준다.

BTS 힐링 성지인 오성제 소나무

우리의 미술관, 오스갤러리

O'S 갤러리의 O'S는 OUR'S의 줄임말이란다. 아원이 '나의 정원'이라면 이곳은 우리의 미술관쯤 된다. 잿빛 콘크리트 건물에 작은 전시실이 들어가 있다. 긴 원목 의자를 가운데에 배치해 단순하면서도 고급스럽다. 그랜드 피아노까지 있어 음악과 미술이 손을 잡고 있다. 주로 전주 지역 예술가의 작품을 볼 수 있다. 카페는 붉은 벽돌집으로 유럽풍의 느낌이 난다. 여기에 사용된 벽돌은 화신백화점 철거 때 나온 자재이며 대들보는 전주초등학교에서 가져와 재활용해 더욱 의미가 있다. 감성을 살린 소품이나 내부 인테리어도 좋지만 야외에 놓인 의자에 앉아 마당과 호수를 바라보는 풍경이 더 좋다. 오성제는 BTS 〈썸머 패키지〉 촬영지로 둑에는 그 유명한 BTS 소나무가 독야청청 서 있다.

여행 팁

산속등대 입장료는 1만 원. 음료 1잔이 포함되었으며 카페, 미술관, 체험관을 함께 둘러볼 수 있다. 오전 10시에 개장하며 오후 9시에 문을 닫는다. 아원고택은 1만 원, 한옥스테이 투숙객을 위해 일반인은 낮 12시부터 오후 4시까지 고택 관람이 가능하다. **산속등대 ⋯› 송광사 ⋯› 오성한옥마을 ⋯› 오스갤러리 ⋯› 위봉사 ⋯› 위봉폭포 ⋯› 대아수목원 ⋯› 화암사 ⋯› 이치전적비**까지 내륙 최고의 로맨틱 가도다. 대아수목원에는 금낭화 자생 군락지가 있으며 화암사에는 국보 제316호인 극락전이 있다. 절까지 올라가는 계곡이 조용하고 아늑하다.

주변 여행지

대승한지마을, 송광사, 위봉폭포, 고산자연휴양림, 대아수목원, 대둔산

내가 전주를 사랑하는 이유, 막걸리 집에서

전주에 출장 왔는데 생각보다 일이 일찍 끝났다. 전주까지 와서 막걸리를 마시지 않으면 왠지 서운할 것 같다. 미리 예약한 KTX를 타기 전까지는 3시간쯤 남아 일단 전주역에 가서 술집을 찾을 생각이었다. 그래야 마음 편히 술을 즐길 것 같았다. 전주역 앞에서 이리저리 두리번거리다가 막걸리 집을 하나 발견하고 자리에 앉았더니 한 사람은 안 된단다. 이해는 간다. 한 주전자를 시키면 안주가 공짜이기 때문에 이문이 남지 않는다는 것을.
서운해서 나가려고 했더니 구석에서 술을 마시던 어르신 중 한 분이
"아줌마, 그라면 안 되지라~."
그러면서 처음 보는 나를 보고 합석하란다.
이때부터 초면의 60대 형님들하고 흥겨운 술판이 벌어졌다. 역시 미식의 도시답게 안주가 화려하다. 홍어삼합에 굴과 과메기까지 테이블에 등장했다. 세 주전자쯤 마셨을까. 이 멋진 술자리에 끼워 줘 감사하기도 하고 또 미안한 마음도 있어 화장실 가면서 슬그머니 술값을 계산했다.
그걸 저 멀리서 한 형님이 보았다.
"어이~ 자네 뭐 하는가? 그건 전주 사람 무시하는 거제."
그 질타에 내 카드의 결제를 취소하고 형님들이 다시 계산을 했다.

멋진 형님들과 밤새 마셔 줘야 하는데 기차 시간 때문에 아쉬움을 남긴 채 자리를 떴다.

봄볕만큼이나 따사로운 사람들. 내가 전주를 사랑하는 이유다.

천연기념물로 지정된 단풍숲, 고창 문수사

고창 문수사는 단풍이 천연기념물에 지정될 정도로 고운 단풍숲을 볼 수 있는 데다가 그다지 알려지지 않아 자신을 돌아보기 그만이다. 입구에는 그 흔한 산채비빔밥 집이 없으며 얼굴이 달아오른 취객도 없다. 자연에 몸을 맡기고 유유자적 산책을 즐기면 된다. 대략 11월 10일경이 문수사 단풍의 최절정이다.

문수사는 고창군 고수면에 자리 잡고 있다. 일주문에는 '청량산 문수사'라고 적혀 있다. 청량산은 자장율사가 중국 산시성 청량산에서 문수보살을 친견하고 부처님 사리를 가져왔던 산이다. 선돌에는 '호남 제일의 문수도량'이란 글씨가 새겨져 있으며 그 옆에는 뒤틀린 단풍나무가 지면에 바짝 붙어 자라고 있다. 로마의 라오콘 조각상처럼 400년 동안의 고통을 이겨 낸 고귀한 나

천연기념물 제463호로 지정된 문수사 단풍

무다. 차량을 가져왔다면 일주문 옆 주차장에 세워 두고 걸어 들어가야 제대로 된 단풍을 만날 수 있다. 일주문에서 문수사까지 700여m 숲길은 붉디붉은 아기단풍이 천상의 화원을 이루고 있다. 100년에서 400년 묵은 단풍나무에다 느티나무, 졸참나무, 팽나무, 개어서나무, 상수리나무 등이 제각각 추색을 뽐내고 있어 총천연색 향연에 눈이 빙글빙글 돌아갈 지경이다. 그중에서도 단풍나무가 유난히 고와 천연기념물 제463호로 지정되어 있다.

바람이 불면 낙엽은 꽃잎처럼 휘날린다. 이때는 낙엽이 아니라 늦봄의 낙화처럼 보인다. 까만 아스팔트는 캔버스가 되어 다닥다닥 붙어 있는 단풍이 마치 밤하늘의 별 같다. 절 아래 마을 이름이 은사리라고 하니 바닥에서 은하수를 만난 셈이다.

문수사는 사천왕문, 금강문 등 거추장스러운 문이 없다. 그보다 훨씬 육중한 고목이 신목처럼 절을 수호하고 있으니 말이다. 색색의 컬러로 악귀를 무장

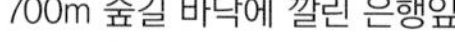
700m 숲길 바닥에 깔린 은행잎

입시철이면 인기 있는 용지천 약수와 자장율사의 전설을 품고 있는 문수전 문수보살

해제시켜 버린다. 산문 입구 계단의 풍경은 수채화처럼 곱다. 한 칸 두 칸 계단에 발을 내디디면 영화제의 레드 카펫 위를 거니는 기분이 든다. 계단 위에는 입구가 둥근 불이문이 서 있는데 그곳에서 내려다본 풍경이 기가 막히다. 총천연색 안료를 덧칠해 놓은 것 같다.

문수사는 작은 절로 대웅전과 문수전 그리고 스님이 머무는 선방이 전부다. 정갈하면서도 소박한 분위기가 느껴져 마음을 내맡기기에 그만이다. 대웅전은 수줍은 여인처럼 청량산 아래 다소곳이 앉아 있었다. 화려한 미인이 아니라 바닷바람과 싸우며 갯벌에 나가 바지락을 채취한 고창 여인네 얼굴이었다. 그러나 이젠 힘이 부쳤는지 지붕은 지팡이 같은 활주에 의지해 서 있다.

대웅전 뒤쪽에는 문수보살 석상을 모시고 있는 문수전이 있다. 자장율사는 당나라에서 돌아오는 길에 당나라의 청량산과 비슷한 이곳에 7일간 머물며 기도한다. 어느 날 땅속에서 문수보살이 나오는 꿈을 꾸게 되고 신기하게 여겨 다음 날 그곳을 파 보니 문수보살상이 나왔다. 그리하여 이곳에 절을 짓고 문수사라 칭했다고 한다. 불상은 투박하지만 돌의 질감을 느낄 수 있었고 유난히 넓은 이마와 푸근한 미소가 마음을 편하게 해 준다. 문수전 옆에는

로댕의 〈생각하는 사람〉의 얼굴을 빼닮은 병바위

병바위와 소반바위

청량산을 향해 절을 할 수 있는 기도 공간이 나온다. 그 뒤쪽에 있는 30m가 넘는 감나무는 단풍나무와 조화를 이루며 또 다른 선경을 만들어 내고 있다. 대웅전 앞에서는 약수를 꼭 마셔야 한다. 지혜가 샘솟는다고 해서 '용지천'이란 이름을 얻고 있다. 특히 수험생들이 물을 마시면 합격한다고 해서 입시철이면 약수를 뜨려고 사람들이 줄을 서고 있다.

신선들의 세계, 병바위

우리나라 최고의 '큰바위 얼굴'을 뽑으라면 고창 아산면 반암리의 병바위다. 고인돌 유적지에서 선운사 쪽으로 가다 보면 도로 오른쪽, 개천 건너에 머리를 숙이고 사색에 빠진 바위를 볼 수 있다. 로댕의 〈생각하는 사람〉의 얼굴을 빼닮기도 했고, 한때는 이승만 대통령을 닮았다 하여 '이승만 바위'라고 부르기도 했다. 가까이 다가가면 얼굴은 병 모양으로 바뀌는데 여기에는 흥미로운 전설이 묻어 있다.

하늘에서 내려온 신선이 잔칫집에 갔다가 넘어져 술상을 발로 찼는데 이때 술병이 날아가 거꾸로 처박혀 병바위가 되었다고 한다. 그러고 보니 병바위 뒤쪽 편편한 바위가 술상 모양의 소반바위다. 근처 구암마을을 중심으로 9개의 바위들이 재미난 이야기를 쏟아내고 있다. 산신이 말을 타고 내려와 술을 마시기 위해 안장을 얹어 두었다는 안장바위, 그 옆에 탕건을 벗어 두었다는 탕건바위, 술에 취해 잠든 신선을 말이 울어 깨웠다는 마명바위, 말이 시끄러워 재갈을 물렸다는 재갈등 바위, 그 외에도 선바위, 형제바위, 병풍바위, 별바위 등 인간 세계가 아니라 신선의 세상을 구현해 놓은 것 같다. 병바위 뒤쪽으로 올라가면 안장바위를 비롯해 신선들의 흔적이 있는 바위들이 파노라마처럼 펼쳐진다.

높이 35m의 병바위는 지질학적으로 연구할 만하다. 화산재와 암편으로 이루어진 응회암은 쉽게 부서지는 반면 용암이 굳은 유문암은 암질이 단단하기 때문에 잘게 부서지지 않고 큰 절리로 쪼개지는 경우가 많아 이렇게 병모양의 바위를 만들어 냈다. 오랜 세월 동안 상층부가 풍화 작용에 의해 벌집처럼 구멍이 뚫렸는데 이것이 타포니 현상이다.

소나무 숲길로 700m쯤, 아산초등학교 뒤쪽에는 두암초당이 있다. 옛사람들이 이 수직 절벽 아래에 정자를 세울 생각을 했다니 이 마을의 조상은 신선이 아닐까 상상해 본다.

여행 팁

병바위와 소반바위는 산림청이 주관하는 국가산림문화자원으로 지정되었으며 또한 국가지질공원이기도 하다. 고인돌을 비롯해 람사르 운곡습지, 명사십리와 구시포, 선운산, 고창갯벌까지 고창은 생태를 테마로 둘러보면 좋다. 4월에는 고창읍성 벚꽃, 5월에는 학원농장 청보리밭, 선운사 동백, 9월에는 선운사 꽃무릇, 11월에는 고인돌 유적 일대의 국화가 노란 세상을 만든다.

주변 여행지

고창읍성, 신재효고택, 무장읍성, 학원농장, 선운사

고창 복분자의 효능

먹으면 요강을 엎어 버린다는 복분자(覆盆子). 고창읍성 앞 고창 농특산물판매장 복분자 가게의 하트 모양 피켓에 쓰인 문구가 도발적이다.

‘복분자를 마시면 밤이 시작된다! 마셔라! 그러면 반응할 것이다!’

한 팩을 얻어 마시고 효과를 기대했건만 딱히 반응이 없었다. 며칠 후 이곳을 다시 찾아 주인에게 반응이 없다고 따졌더니 애매모호한 표정을 지으며

“쥐 오줌만큼 먹어서 그래요. 여러 봉 더 드셔야 해요.”

몇 년 전 고창 복분자 마을에 취재 갔을 때 마을 이장님이 복분자 효과를 설명하면서 딱 한마디로 우릴 제압했다.

“우리 마을 복분자가 얼마나 좋은지 더 이상 떠들지 않겠습니다. 우리 마을 이름이 뭐지요?”

“성기마을이요.”

그 옆에 쓰인 ‘체험학습장’이란 글씨가 괜한 상상력을 불러일으킨다.

김용택의 시처럼 황홀한 길, 임실 섬진강 꽃마실길

진뫼마을은 『섬진강』의 시인인 김용택의 고향이자, 지금도 그가 터를 잡고 사는 곳이다. 정자나무 아래에 주차하고 마을 안쪽으로 30여m 들어가면 작지만 고즈넉한 김용택 시인의 고택이 나온다. 시를 쓰고 책을 읽었던 시인의 공부방은 '관란헌'이란 현판을 달고 있는데 '물결을 바라보는 마루'라는 의미다. 쪽마루에 앉으면 부드러운 산자락과 유유히 흘러가는 섬진강의 자태가 시야에 들어온다. 강을 가슴에 품을 수 있도록 일부러 돌담을 낮춘 배려가 고맙다. 시인은 진뫼에서 태어나 교사를 하면서 아이들을 가르치고 산과 들에서 뛰놀면서 「섬진강」이라는 연작시를 냈다. 고택의 문은 항상 열려 있으며 마루에 앉아 조용히 산과 강을 바라볼 수 있다. 한쪽에 일회용 커피와 물을 끓일 수 있는 포트가 놓여 있다. 객을 배려하는 시인의 마음 씀씀이가 고맙다.

진뫼마을은 산이 길게 생겼다고 해서 '긴뫼'로 불리다가 '진뫼'로 바뀌었다고 한다. 이곳에서 구담마을까지는 6.5km, 도보로 1시간 40분쯤 소요되는데 섬진강변 최고의 걷기 길이다. 재잘재잘 소리를 내며 흘러가는 섬진강을 옆구리에 끼고 걸을 수 있도록 산책로가 조성되어 있다. 4월 초면 벚꽃이 만발해 꽃내음에 취해 걸을 수 있다. 가을의 섬진강은 총천연색으로 변신한다. 진뫼마을 뒷산을 넘으면 바로 구담마을로 갈 수 있지만 섬진강이 흐르는 대로 몸을 맡기고 느림을 즐기다 보면 이 길이 진정 천국의 길임을 알게 된다. 강 산책로에는 김용택 시인의「봄날」시비가 서 있어 서정적 감흥을 한껏 끌어올려 준다.

진뫼마을의 김용택 생가

진뫼마을에서 천담마을까지 이어지는 섬진강 산책로

"나 찾다가/텃밭에 흙 묻은 호미만 있거든/예쁜 여자랑 손잡고/섬진강 봄물을 따라/매화꽃 보러 간 줄 알그라."

강길 중간쯤엔 강을 멋지게 볼 수 있도록 전망대를 만들어 놓았다. 억새와 단풍이 한데 어우러져 멋진 반영을 보여주고 있다. 산자락에 물안개가 스멀스멀 피어오르고 왜가리가 산수화의 주인공처럼 날갯짓을 하고 있다. 다시 걸음을 재촉하지만 미련 때문일까, 아니면 김 시인의 살가운 시어 때문일까, 자꾸만 뒤를 보게 만든다. 그렇게 시 같은 섬진강을 음미하며 걷다 보니 천담마을에 닿게 된다. 김 시인이 학생들과 뛰어놀며 「섬진강」 시를 낳았던 덕치초등학교 천담 분교는 이미 폐교가 되어 아쉬움이 남는다.

매화꽃길 구담마을과 장구목 요강바위

천담마을에서 구담마을까지는 2.2km 언덕길이다. 봄날에는 길가에 핀 매화의 꽃향기에 발목을 잡혀 제대로 걷기조차 힘들었다. 술에 취한 양 흐느적거리느라고 어떻게 구담마을까지 갔는지 기억이 나지 않는다. 비탈에 자리한 구담마을은 이광모 감독의 영화 〈아름다운 시절〉의 주요 배경이 되었던 마을이다. 스태프들을 동원해 7개월 동안 전국을 샅샅이 뒤져 어렵게 찾아낸 촬영 장소다. 자라가 많아 구담(龜潭)이라고도 하고, 9개의 소가 연달아 있다고 해서 구담(九潭)이라 얘기하는 이도 있다. 느티나무 고목 아래 난간에 서면 산과 강이 얼마나 멋지게 한 몸이 되는지 확인시켜 준다. 매화를 감상해야 할지 강물을 쳐다봐야 할지 고민이 될 정도로 무릉도원을 그려 낸다. 징검다리가 놓여 있어 개울 같은 섬진강을 건널 수 있다. 섬진강의 속살을 마음껏 비벼대며 강변길을 걸으면 섬진강에서 강바닥이 가장 아름답다고 하는 장구목이 나온다. 좁은 지형 때문에 빠른 물살이 바위에 부딪혀 소용돌이치며 올록볼록한 바위를 만들어 내는데 마치 선녀의 욕조를 보는 듯하다. 그중 최고는 솥처럼 보이는 요강바위다. 여인이 이 바위에 앉으면 아들을 낳는다고 하는데 한국전쟁 때는 마을 주민이 바위 속에 몸을 숨겨 화를 모면했다고 한다.

장구목 요강바위

역사의 질곡, 회문산 망루

임실의 회문산이야말로 역사의 질곡을 한 몸에 안고 있는 산이다. 조선 말기에는 동학군이 회문산의 주인이었고 일제강점기에는 정읍의 최익현, 임실의 임병찬, 순창의 양윤숙 선생이 회문산을 거점으로 항일 투쟁을 벌였다. 1948년 여순사건 때 패퇴한 패잔병 일부가 회문산에 입산하면서 비극이 시작된다. 1950년 6·25 전쟁이 발발했고 다시 인천상륙작전으로 갈 길 잃고 헤매던 인민군과 좌익 동조 세력들이 지리산이 막히자 회문산을 중심으로 모여들었다. 그리하여 조선노동당 전북도당 사령부가 이 회문산에 자리 잡게 되는데 당시 빨치산의 규모가 무려 700명에 달했다. 전쟁이 끝났어도 한동안 버티다가 대대적인 토벌작전으로 1954년 완전히 괴멸되었다. 지금도 회문산에 가면 사령부 자리와 빨치산 교육 장소인 노령학원이 남아 있다. 소

• 운암리 망루

설 『남부군』, 『태백산맥』에서 빨치산의 주요 거점으로 나온다. 당시 토벌작전 때 지역방어를 위해 축조된 시설이 바로 망루인데 6·25 이후 전국 각지에 세워졌다. 새마을운동과 경제개발 때 거의 사라졌는데 유독 임실만은 희생이 커서 그런지 여태 남아 있다.

회문산 아래 덕치리, 옥정호를 끼고 있는 운암리, 오수에도 큼직한 망루가 보인다. 운암 망루는 3개 층으로 1층은 총과 탄환, 여타 장비를 보관하였고 2층은 숙직실, 3층은 기관총을 비롯한 사격 장소였다. 현재 내부는 유실되고 돌과 시멘트로 축조한 외벽만 남아 있다.

여행 팁

강진면에는 맑은 국물의 다슬기탕을 맛볼 수 있는 식당이 여럿 있다. 다슬기는 맑은 물 물살이 센 바위 틈에서 서식한다. 밤에 조명을 밝혀 강바닥에서 잡은 섬진강 다슬기는 푸른빛을 띠고 있는 것이 특징. 다슬기를 삶은 맑은 국에 호박과 부추를 넣어 끓여 내는데 속풀이 국물로 좋다. 다슬기전, 다슬기 회무침도 먹을 만하다. 필봉농악으로 유명한 필봉문화촌 취락원(063-643-1902)에서는 한옥스테이가 가능하다.

주변 여행지

회문산, 필봉농악마을, 덕치초등학교, 박사골마을, 옥정호

군산 비응 마파지길과 새만금 성장앨범 포토존

새만금방조제의 시작점인 군산 비응항. 이곳에 북쪽으로 툭 튀어나온 지형이 있는데 그 해안선을 따라 '마파지길'이라는 바다 산책로가 최근에 개통되었다. 마파지는 '마파람(남풍)을 받는 자리'라는 뜻이다. 백사장을 끼고 있으며 건너편은 비응항, 그 뒤로 시원하게 뻗은 새만금방조제가 보인다. 벼랑길을 따라 부서지는 파도를 볼 수 있으며 그 너머로 선유도를 비롯한 고군산군도가 시야에 들어온다. 밤이면 데크 바닥에서 푸른색 조명을 비춰 낮과는 다른 풍경을 보여준다.

1990년대에 군장국가산업단지가 조성되면서 산을 깎아 바다를 매립했다. 그리하여 원래 섬 모양의 70%가 사라졌는데 그나마 해안선 쪽은 군부대가 있어 개발의 위험에서 벗어날 수 있었다. 차량을 가져왔다면 비응항으로 들

마파지길에서 바라본 바다와 신시도

어가는 초입에 거점 주차장과 화장실이 있으니 이곳부터 시작하는 것이 좋다. 한국해양소년단 건물을 지나 해안 쪽으로 크게 휘감아 돌면 야트막한 능선이 보이는데 아마 이곳이 개발을 위해 깎여 나간 자리 같다. 능선길을 따라 걸으면 항아리 모양의 해변을 품에 안을 수 있다. 언덕길이 끝나면 본격적인 나무 데크 길. 밀물 때 바닷물이 차올라도 걱정 없을 정도로 높게 만들었다.

데크 길 왼쪽은 바다, 오른쪽은 해송이 빼곡하다. 갑자기 매의 모형이 나타나 깜짝 놀라게 하는데 비응도가 하늘을 나는 매의 형상이기에 매 조형물을 세웠다고 한다. 첫 번째 나타나는 전망대는 난간 모양이 독특한데, 하늘에서 내려다보면 하트 모양이다. 연인들이 이곳에서 사진을 남기면 재미있겠다. 비응항 너머는 곧게 뻗은 새만금방조제. 그 끝에는 신시도, 선유도가 보인

마파지길과 비응항

날고 있는 매 조형물

다. 안개가 끼면 운무 위로 산이 보여 그야말로 선경을 연출한다. 다시 해안선을 따라 데크를 쿵쾅거리며 걸어간다. 파도 소리가 감미롭다. 바다 쪽으로 작은 전망대를 만들어 놓았다. 바위는 파도에 깎여 금강산 만물상을 보는 듯하다. 독립문처럼 구멍이 뚫린 바위도 보인다. 서해지만 물이 깨끗해 바닥까지 훤히 보인다. 데크에 궁둥이를 붙이고 한없이 바다만 봐도 힐링이 된다. 옆은 군부대, 해안선을 돌아가면 군산의 7부두로 이어진다. 국가산업 보호지역이기에 안타깝게도 산책로는 여기서 끊겼다. 되돌아 나와 하트전망대를 지나면 왼쪽에 전망대 오르는 계단이 나온다. 100여m쯤 오르자 푸른색 아크릴 지붕을 가진 전망 데크가 나온다. 2층에 오르면 마파지길 전체가 조망되며 바다 건너 비응항과 새만금방조제를 멋진 각도에서 내려다볼 수 있다. 멀리 시선을 던지면 부안의 내변산까지 조망이 가능하다.

다시 데크를 따라가면 시멘트길이 연결되며 조금 더 걸으면 팔각정자가 나타난다. 계단을 따라 3층에 오르면 새만금은 물론 군산자유무역지역이 한눈에 보인다. 자동차, 기계 산업의 성장 거점으로 중국 및 동북아 시장 진출을 위해 조성했다고 한다. 거대한 태양열 패널이 보이며 큰 배를 댈 수 있는 부

팔각정자에서 바라본 군산자유무역지역

두와 타워크레인도 보인다. 공장의 기계음 소리는 한국 경제의 박동 소리처럼 들린다. 군산항 뒤쪽으로 개야도와 연도까지 시야에 들어온다.

해안 데크 길과 팔각정자까지 전부 둘러봐도 3km, 1시간이 채 걸리지 않는다. 그러나 탁 트인 바다 경치와 산업단지의 웅장함을 보면 지친 마음을 치유하게 된다.

포토존과 함께 하는 새만금방조제

33.9km 새만금방조제는 세계에서 가장 긴 방조제로 기네스북에 올랐다. 워낙 조수간만의 차가 심해 마지막 끝물막이 공사는 세계에서 유례없는 고난도 공사였고 결국 한국 기술로 임무를 완수했다. 겨울과 봄에는 강력한 북서풍과 싸워야 했고 여름과 가을에는 태풍 등 자연재해와 맞서기도 했다. 방조

제 축조과정에서 육지의 흙을 쓰지 않고 바닷모래를 성토함으로써 공사비를 줄였고 환경피해를 최소화했다.

세계 최장의 방조제를 달리기만 해도 가슴 벅차고 기분이 상쾌한데, 2020년 10월 새만금관광청은 곳곳에 새만금 성장앨범 포토존을 조성해 유쾌한 드라이브길을 만들었다. 군산 비응도를 출발하면 먼저 해넘이 휴게소가 나온다. 2층 전망대에 오르면 고군산군도로 떨어지는 일몰을 감상할 수 있다. 길 건너편에는 연결고리 포토존이 있는데 우표 조형물에 얼굴을 대면 재미난 사진을 건질 것이다. 조금 더 가면 돌고래 쉼터가 나온다. 고래의 꼬리지느러미만 튀어나와 있는데 바다를 주제로 한 미술작품을 보는 재미가 쏠쏠하다. 신시광장에 있는 새만금방조제 준공기념탑은 군산에서 지정한 포토존으로 해 뜰 무렵 핑크빛 하늘이 멋지다. 바로 옆에 있는 비상 2 포토존은 갈매기가 창공을 날아오르고 있으며 새만금 초성 자음인 'ㅅ, ㅁ, ㄱ'을 형상화했다. 배

추억의 향기를 느낄 수 있는 TV 포토존

수관문을 지나면 소라 쉼터가 나온다. 안쪽으로 들어가면 추억의 향기라는 TV 포토존이 있다. TV가 1970년대 가족을 한데 모으는 매개체 역할을 한 것처럼 오늘날에도 가족과 소통하기를 바란다는 의미다. 가력도체육공원에는 퍼즐 모양의 연결고리 포토존이 있다. 단 1개의 퍼즐 조각도 소중하다는 것을 의미하며 사진의 주인공 역시 퍼즐의 한 조각임을 말하고 있다. 포토존의 하이라이트는 새만금홍보관 옆에 있는 BTS 뮤직비디오 촬영지 포토존이다. 2016년 BTS의 〈세이브 미(Save Me)〉 뮤직비디오에 등장해 전 세계 아미들의 스포트라이트를 받은 곳이다.

여행 팁

군산시에서 비응도와 선유도 일대에 '섬&바다 포토존' 코스를 만들었다. **비응항풍차 ··· 마파지길 ··· 새만금방조제 ··· 준공기념탑 ··· 무녀도 쥐똥섬 ··· 옥돌해수욕장 ··· 선유스카이썬라인 ··· 남악리 전망데크 ··· 선유도 기도등대 ··· 장자교 ··· 장자할매바위 ··· 장자천년나무**까지다. 이 코스로 일정을 짜면 바다여행을 즐기면서 멋진 사진을 남길 수 있다.

주변 여행지

신시도, 무녀도, 선유도, 은파호수공원, 군산근대유적지

마그네슘

군산의 모 중국집에서 어떤 손님이 짬뽕을 시켜 먹고 음식값으로 카드를 내밀었다. 그런데 단말기가 카드를 인식하지 못했다.

주인장이 난감해하자 손님 왈

"제 카드 마그네슘이 손상되었나 봐요."

'헉~ 마그네틱 아닌가?'

주인장이 재차 카드를 긁었더니 그제야 카드가 인식되었다.

주인장 왈

"마그네슘은 괜찮은데요."

이들의 진지한 대화를 들은 나, 짬뽕을 먹다가 뿜었다.

마음의 안식을 찾아 떠나는 섬 순례길, 신안 기점·소악도

코로나19로 인해 피폐해진 마음을 위로받고 싶다면 남도 외딴섬으로 가라. 3평 남짓한 작은 예배당을 둘러보는 것만으로도 마음이 정갈해지며 『성경』을 완독한 기분이 든다. 눈이 아니라 마음으로 읽고, 두 발로 페이지를 넘기면 감동이 샘솟는다. 이 예배당은 기독교인의 전유물이 아니다. 천주교인에게는 공소, 불교도에게는 암자, 종교가 없는 사람들에게는 훌륭한 갤러리나 쉼터가 될 수 있다. 명상을 통해 온전히 자신을 돌아볼 수 있는 시간이기에 그 울림이 크다.

여기는 무료 주차가 가능한 신안 압해도 송공항에서 배를 타고 들어가는 것이 좋다. 70여 분 배를 타고 대기점선착장에 하선하면 1번 작품부터 볼 수 있으며 12개 예배당 순례를 마치고 소악선착장에서 빠져나오면 된다.

그리스 산토리니를 연상케 하는 제1호 베드로의 집

예배당은 쉼터이자 생활의 공간

순례길은 4개의 섬, 12개의 교회를 둘러보는 코스다. 신안의 대기점도, 소기점도, 소악도, 진섬 이름도 생소한 4개의 섬에 베드로, 요한, 안드레아 등 십이사도의 이름을 딴 예배당이 섬 곳곳에 있다. 스페인 산티아고 순례길에서 모티브를 따왔다고 하는데 40여 일을 걸어야 하는 산티아고와는 달리 한나절이면 길을 완주할 수 있고 또 섬이라는 매력까지 더해져 '섬티아고'라는 별칭을 가지고 있다.

2017년 기점·소악도는 전남의 '가고 싶은 섬'으로 선정되었다. 섬사람의 80% 이상이 기독교 신자로 그들의 뜻을 반영했고 그들은 기꺼이 땅을 기부했다. 한국과 프랑스의 예술가 6명이 일 년간 상주하면서 12개의 집을 만들었다. 섬과 섬은 노두로 연결되었다. 노두는 갯벌 위에 편편한 머릿돌을 밟고 가라고 해서 한자어로는 길 '로(路)'와 머리 '두(頭)' 자를 쓴다. 물이 빠지면 신나게 내달리지만 밀물 때는 길이 바다에 잠겨 두어 시간쯤 기다려야 한다. 하루 2번 물길이 열려야만 순례를 이어갈 수 있기에 '기적의 순례길'이란 이름까지 있다. 예배당은 기다림의 공간이자 기도의 공간, 갯벌에서 일하다가 잠시 땀을 식히는 쉼터 역할까지 하는 다용도 공간이다.

건축 예술작품인 12개 예배당

대기점도에 배가 닿으니 제1호 예배당인 베드로의 집이 마중 나온 것 같다. 긴 방파제 끝, 순백의 건물로 파란 지붕을 머리에 이고 있어 마치 그리스 산토리니를 연상케 한다. 순례길의 시작이자 배를 기다리는 대합실까지 겸한다. 마을로 들어가면 제2호 안드레아의 집이 나온다. 네모난 건물과 둥근 건물이 합쳐진 형태다. 벽에 뚫린 창밖으로 병풍도까지 이어지는 노둣길이 시

제2호 안드레아 집과 고양이 석상과 첨성대를 닮은 제4호 요한의 집

원스레 보인다. 천장에 매달린 돌절구 종이 독특하다. 제3호 야고보의 집은 논둑길을 지나야 만날 수 있다. 숲속에 파묻힌 예배당으로 문을 열면 정면에 에밀레종에 나옴 직한 비천상이 보인다. 제4호 요한의 집은 첨성대처럼 원통형이며 둥근 천장을 통해 하늘과 소통하게 된다. 물결 모양의 계단을 볼 수 있으며 입구에는 유리 타일이 박힌 염소 한 마리가 예배당을 지키고 있다. 내부로 들어가면 형형색색의 타일 아트가 볼 만한데 문을 열면 바다 건너 매화도가 풍경화처럼 보인다.

제5호 필립의 집은 나무판자를 오려 지붕을 얹었고 경사가 매우 깊으며 처마선이 유려하다. 첨탑 끄트머리에는 물고기가 달려 있다. 프랑스 남부지방의 건축양식으로 프랑스 장미셸 후비오의 작품이다. 대기점도에서 소기점도로 연결되는 노둣길 길목에 위치해 홍해처럼 물길이 갈라져야 바다를 건널 수 있다.

제6호 바로톨로메오의 집은 호수 위에 집이 있는 것이 특징. 컬러 유리로 제작되어 햇빛에 반사되면 다양한 색을 보여준다. 숲길을 크게 휘감아 돌면 언덕 위에 자리한 제7호 토마스의 집이 나온다. 하얀 바닥은 별이 내려앉은 것처럼 구슬이 박혀 있으며 코발트색으로 치장한 대문이 강렬하다.

소기점도와 소악도 사이 갯벌 위에 자리한 제8호 마태오의 집은 양파 형태. 마치 러시아 정교회를 보는 듯하다. 밀물 때는 예배당이 바다 위에 떠 있는 것처럼 보여 마치 프랑스 몽생미셸 수도원을 연상케 한다.

제9호 작은 야고보의 집은 어부가 사는 오두막으로, 기도실에 대청마루를 깔아 신발을 벗고 들어가야 한다. 바닷일에 사용되는 밧줄이 건물의 부재이며 물고기 형태의 스테인드글라스가 비늘처럼 보인다. 노둣길을 건너면 진섬이다. 섬 입구에 위치한 제10호 유다 타대오 집은 동화 스머프의 집처럼 아담하고 귀엽다. 오리엔탈 타일의 바닥이 볼 만하다.

프랑스 몽생미셸 수도원을 닮은 마태오의 집

제10호 유다 타대오의 집 내부

언덕에 위치한 제11호 시몬의 집은 문이 없다. 송림 아래 나무 벤치에 앉으면 탁 트인 바다 경치가 파노라마처럼 펼쳐진다. 지붕 위, 잠자는 하트 조형물이 재미를 더한다. 마지막 12번째 가롯 유다의 집은 노둣길이 아니라 갯벌을 건너야 한다. 벽돌을 꽈배기처럼 비틀어 쌓은 종탑이 이채롭다. 예수를 배반한 유다의 삶을 빗댄 것이 아닐까 싶다. 이곳에서는 바다 건너 압해도와 암태도를 연결한 천사대교를 옆면에서 볼 수 있다.

여행 팁

배는 압해도 송공항(06:50, 09:30, 12:30, 15:10, 60분 소요, 061-279-4222)에서 출발한다. 대기점 선착장에 하선하면 1번 작품부터 볼 수 있다. **대기점도 ⋯› 소기점도 ⋯› 소악도 ⋯› 진섬 ⋯› 딴섬**까지 총 12km, 천천히 걸으면 4시간이 걸린다. 섬을 빠져나갈 때는 10번 예배당 근처 소악선착장(07:29, 10:09, 13:29, 16:09)에서 배를 타면 송공항까지 갈 수 있다. 승선료는 6천 원, 승용차는 1만 5천 원, 걷기 부담스럽다면 대기점도 마을에서 전기자전거(010-6612-5239, 1일 1만 원)를 빌려 타면 섬을 수월하게 둘러볼 수 있다. 만약 차를 싣고 가겠다면 지도의 송도선착장(07:00, 09:00, 10:00, 14:00)에서 병풍도 행 카페리호를 이용하는 것이 좋다. 승선료(3천 원)와 차량운임료(9천 원)가 저렴한 편이다. 마을에서 운영하는 게스트하우스(1인 2만 원)도 있다. 방 2개, 총 16명이 숙박할 수 있으며 해산물이 가득한 섬 밥상(1만 원)을 맛볼 수 있다.

주변 여행지

천사섬 분재공원, 증도 소금박물관, 짱뚱어다리, 임자도

내 인생의 화두,
쌍봉사의 추억

20년 전쯤이다. 내가 직장을 다니고 있었을 때 어느 날 남도가 나에게 애타게 손짓하는 것이었다. 가고 싶을 때 가지 못하면 며칠씩 열병을 앓아야 하는 못된 버릇이 있어 아무 준비 없이 머나먼 남도 땅으로 향했다.

곡성 태안사에서 시간을 지체하는 바람에 화순의 쌍봉사에 도착한 때는 애석하게도 어둑한 초저녁이었다. 쌍봉사철감선사탑(국보 제57호)을 꼭 봐야 하는데 못 올라가게 할까 봐 내심 걱정을 했다. 해가 지면 도굴의 우려 때문에 일반인의 출입을 막고 있기 때문이다. 때마침 스님이 경내를 산책하고 있었다.

"스님. 이곳 쌍봉사 부도를 보려고 천릿길을 달려왔습니다. 꼭 올라가게 해 주십시오."

"보고 싶으면 봐야지요."

옅은 미소를 보내며 선뜻 허락하신다. 조금 전에 보았던 대웅전 가섭존자의 그 미소였다. 쏴쏴거리는 대나무 몸 비비는 소리가 섬뜩했지만 승탑을 만나려는 나의 고집을 꺾을 수 없었다. 비탈길을 오르니 어둠 속에서 어슴푸레 승탑의 윤곽이 잡혔다. 천년 세월의 무게를 고스란히 간직한 채 덤덤하게 살아온 돌이 얼마나 고마웠는지 모른다.

지금이야 CCTV가 감시하고 가까이 다가가면 경보음이 울리지만 당시에는 가까이 다가갈 수 있었다. 컴컴해 눈으로 볼 수 없으니 손을 대고 촉감으로 느꼈다. '아! 이 부분이 가릉빈가구나. 다리를 물고 있는 사자상이구나. 이곳이 사천왕상의 튼튼한 갑옷이구나. 배흘림기둥에 서까래까지 있네.' 도록의 사진을 상기하며 손끝으로 더듬었다. 혼잣말로 주절거리면서 어느덧 나는 통일신라 석공과 대화를 하고 있었다. 그 감동을 한 아름 짊어진 채 사찰로 내려왔다. 밤중에 산에 올라간 내가 걱정되었던지 스님은 그때까지 나를 기다리고 있었다.

"깜깜한데 보이는 것이 있습니까?"

"하나도 안 보여서 손끝으로 느끼고 왔습니다."

"마음으로 느꼈으면 두 눈으로 보는 것보다 훨씬 낫습니다."

그 한마디를 남기고는 승복을 휘날리며 선방에 들어가는 것이 아닌가. 댓돌에 가지런히 놓여 있는 흰 고무신을 바라보면서 나는 그만 굳어버렸다.

'마음으로 보는 심미안.'

앞으로 여행작가로 살아갈 내 인생의 화두가 되었다.

그리고 3년 전 딸과 함께 다시 쌍봉사를 찾았다. 한 칸짜리 대웅전 역시 돛대처럼 하늘을 향해 서 있었다. 쌍봉사 경내를 두리번거리고 있었는데 저 멀리 스님께서 오라고 손짓한다.

"범종 한번 쳐 보실래요?"

"예? 스님, 저 종 한 번도 안 쳐 봤는데요."

"지옥에 사는 영혼들이 고통 속에 사는데요. 이 범종 소리를 듣는 순간만은 고통이 멎는다고 합니다."

딸 정수랑 당목의 줄을 잡고 힘차게 종을 쳤고 그 소리는 산하에 울려 퍼졌다. 긴 여운이 이어지는 동안 범종에 손을 대 보았더니 따뜻하다.

"지옥에 있는 사람들에게 잠시 고통을 멈추게 해 주는 보시를 베푸셨습니다."

서서히 해는 기울어 가고 부처님의 특별한 선물에 신이 나 팔짝팔짝 뛰었다. 상황이 이러하니 내가 쌍봉사를 사랑하지 않을 수 있겠는가?

보랏빛 유혹, 신안 퍼플 섬과 여인의 마음을 훔친 노만사 노을

남프랑스의 라벤더 꽃밭을 느끼고 싶다면 신안 안좌도 옆에 있는 반월·박지도를 찾으라. 산들산들 걷다 보면 보랏빛 동화책을 펼치는 기분이 들 것이다.

신안의 천사대교를 건너 암태도를 지나 안좌도 속내로 깊숙이 들어가면 두리마을이 나온다. 이때부터 동공은 보라색으로 바뀐다. 지붕의 기와, 우체통, 공중전화기, 버스정류장, 텃밭의 비닐, 심지어 식당의 접시까지 온통 보라색이다. 외국에서도 신기했는지 CNN과 폭스 뉴스, 독일 방송에서 경쟁하듯 퍼플 섬을 소개했다. 입장료는 3천 원. 대신 옷, 모자, 가방, 우산 등이 보라색이라면 입장료는 면제된다. 그러다 보니 사람도 보라색으로 보인다.

두리마을과 반월도를 이어주는 문 브리지(Moon Bridge) 역시 보라색. 해수면

위에 떠 있는 부교로, 다리 중간쯤에 쉼터가 있으니 찰진 갯벌을 감상하기 좋다. 스피커에서 강수지의 〈보랏빛 향기〉가 흘러나오자 아드레날린이 솟구친다. 반월도는 하늘에서 내려다보면 반달 모양이란다. 가장 인기 있는 사진 포인트는 반달에 앉아 박지도를 바라보고 있는 어린 왕자다. 여기도 역시 보라 천국, 보라 유채와 자목련, 라일락, 수국, 도라지꽃, 라벤더, 아스타국화 등 세상의 모든 보라색 꽃은 보라 섬에 다 심어 놓은 것 같다.

반월도에 가거든 팽나무가 즐비한 당숲을 놓치지 마라. 섬의 수호신이 되어 마을을 지키고 있다. 물이 빠지면 노루섬까지 노둣길이 연결되는데, 노루섬

보라 꽃길을 거닐고 있는 탐방객

에서 바라본 보랏빛 지붕들이 무척이나 강렬하다. 힘이 남아돌 때 반월도 어깨산 정상에 오르면 다이아몬드 섬 풍경이 한눈에 들어온다. 반월도에서 박지도까지는 퍼플교(915m)로 연결된다. 갯벌에 나무를 박아 만든 목교다. 펄과 주변 섬을 감상하며 데크 길을 깡충깡충 뛰는 재미가 있다. 중간쯤에 바다를 음미하도록 전망대를 만들어 놓았으니 쉼표를 찍는 것을 잊지 마라.

박지도는 하늘에서 내려다보면 호롱박 모양이란다. 해안선을 따라 섬을 한 바퀴 걸어가도 좋지만 관광퍼플카(전기차, 3천 원)를 이용하면 편안히 섬 구경을 할 뿐 아니라 기사님이 들려주는 섬 스토리에 흠뻑 빠질 수 있다. 비구와 비구승의 슬픈 사랑 이야기가 묻어 있는 중노둣길을 지나면 바다 건너 하의도가 아른거린다. 고(故) 김대중 대통령이 태어난 섬이다. 건너편 장산도는

반월도와 어린 왕자

대한민국 2번 국도의 시작점이란다. 박지도 마을 호텔은 6개월 예약이 끝났을 정도로 인기 있다고 한다. 마을 할머니가 커피를 내려주고 마을 식당에 예약하면 낙지와 전복, 숭어 등으로 만든 독특한 섬 백반을 맛볼 수 있다고 한다.

여인의 마음을 훔친 노만사 노을

박지도에서 큰 카메라를 들고 분주히 사진 찍고 있는 내 모습을 본 현지인이 "어이~ 카메라 든 양반. 나가 마누라를 꼬셨던 장소를 추천해 줄랑게, 거길 한번 가 보셔. 노을이 끝내준당께."

여인의 마음을 훔친 곳이라는 말 한마디에 마음이 동해 버렸다. 그곳은 이름도 생소한 암태도 노만사다. 일몰이 얼마 남지 않아 발걸음을 서두르며 눈썹이 휘날리도록 내달렸다. 차가 절까지 올라갈 수 있는데 급경사에다 옆으로는 추포도 절경이 펼쳐져 괜히 한눈팔다가는 낭패를 보게 된다.

드디어 노만사 입구에 도착했다. 교회가 즐비한 신안의 섬에서 절집을 만난 것만으로도 반갑다. 과연 '노만'은 무슨 뜻일까? 현판 '露滿寺(노만사)'를 보고 그 의미를 알게 되었다. 절 뒤쪽 바위틈에서 약수가 똑똑 떨어지는데 그 모습이 마치 이슬이 가득한 것처럼 보여 절 이름이 되었다. 할머니처럼 허리가 잔뜩 굽은 팽나무가 이 절의 연륜을 말해 주고 있다. 바위를 그물처럼 감싸고 있는 송악도 놓치지 말아야 할 볼거리다. 절 뒤쪽으로는 난대림이 빼곡하다. 등산로는 그곳으로 이어졌다. 와불바위, 오리바위 등 기묘한 바위가 신기하지만 여인의 마음을 훔친 해넘이를 놓치지 말아야 했기에 그 유혹마저 뿌리쳤다. 10여 분쯤 걸었을까? 직경 30여m쯤 되는 마당바위 위에 섰다. 180도 파노라마 섬 풍경과 드넓은 갯벌 그리고 소금기 가득한 바람이 품에 안긴다. 왼쪽부터 장산도, 상태도, 하의도, 도초도, 비금도, 자은도 등 신안의 다이아몬드 섬 제도가 한눈에 잡힌다. 저 멀리 흑산도, 홍도를 이곳에서 볼 줄은 몰랐다. 역시 하이라이트는 비금도로 떨어지는 해넘이다. 저 멀리서 거인이 달걀노른자를 꿀꺽하듯 순식간에 사라졌다. 그 후 노을이 바통을 이어받아 갯벌을 온통 붉게 물들였다. 약수가 이슬이 아닌 감동의 눈물이 이슬인 것 같다. '노만'이 '로망'으로 바뀌는 순간이다. 하트 모양의 나무판은 사랑의 감흥을 더욱 부추긴다. 혹시 사랑이 미지근하게 식었다면 암태도 노만사 노을을 마주하라. 불덩이 같은 사랑이 가슴에 콕 박힐 것이다.

자은도 해넘이길

신안 자은도 해넘이길은 숨겨진 보석이다. 길이는 5km 남짓에 불과하지만 벼랑길에서 내려다본 바다 전망이 끝내준다. 인공적이지 않은 자연 그대로의 풍경을 간직하고 있다. 임도는 산 옆구리를 끼고 달리게 되는데 비포장길이다. 협소하지만 일방통행이기에 교행의 어려움은 없다. 임자도, 증도를 감상하면서 달리게 되는데 마지막 구간에서 무한의 다리가 반긴다. 곡선으로 디자인해 마치 바다로 빨려 들어가는 느낌이다.

여행 팁

퍼플교에서는 보라색 공중전화기가 사진 포인트다. 사계절 보랏빛 꽃을 볼 수 있지만 그중 최고는 라벤더다. 5월에서 7월까지 피는데 최절정은 6월이다. 박지도 게스트하우스(☎ 061-271-5600 ⓔ 반월박지도.com)는 펜션형 독채도 있지만 도미토리 방도 있다. 마을 식당에 예약하면 해산물 가득한 백반을 맛볼 수 있다. 반월·박지도를 구석구석 둘러보는 섬 트레킹은 대략 9km, 3시간 정도 소요된다. 그늘이 없으니 생수는 넉넉히 가져가고, 자전거를 타면 수월하게 둘러볼 수 있다. 자전거 대여료는 5천 원.

주변 여행지

김환기 고택, 채일봉전망대, 기동삼거리 벽화, 암태도 소작인항쟁기념탑

삶이 버거울 때는 다산을 만나라.
강진 사의재

1801년 12월 엄동설한. 다산은 한양에서 문초와 고문을 견딘 몸을 이끌고 머나먼 강진에 유배를 왔다. 하루아침에 쑥대밭이 되어 버린 가문에 대한 죄책감에 잠을 이룰 수 없었다. 거기다 대역죄이자 천주학쟁이로 낙인찍힌 사람에게 아무도 다가오는 사람이 없었다. 손을 내밀었다가는 자신도 화를 입을까 두려웠기 때문이다. 오로지 한 사람, 동구 밖에서 술을 파는 허름한 주막집 주모만이 그에게 따뜻한 밥과 골방을 내주었다. 그녀의 보살핌으로 몸을 추슬렀고 그녀의 한마디에 재기할 수 있었다.

"어찌 그리 헛되이 사시려 하십니까? 제자라도 가르쳐야 하지 않겠습니까?"

이에 다산은 아동용 한문교재인 『아학편훈의』를 저술하고 동네 아이들을 모아 공부를 가르쳤는데 그 소문을 듣고 젊은이들이 모이면서 강진의 6제자를

다산이 귀양 후 4년을 머물렀던 사의재

다산에게 따뜻한 손길을 내민 주모 동상과 사의재 저잣거리 마당에서 펼쳐지는 조만간 마당극 공연

배출하게 되었다. 훗날 제자들의 도움이 없었다면 그의 저서 500여 권의 금자탑은 쌓을 수 없었을 것이다.

다산은 4년간 살았던 허름한 골방을 '사의재(四宜齋)'라 칭했다. 생각은 맑게, 용모는 단정하게, 말은 적게, 행동은 무겁게 이 4가지를 반드시 지켜야겠다는 의지가 담겨 있다. 오늘날 이곳은 주막과 우물 그리고 사의재를 복원해 놓았고 주모와 그의 딸의 동상을 세웠다. 주막은 실제 음식을 팔고 있는데 아욱국 백반이 눈에 띈다. 다산이 혹독한 시련을 이겨내며 화를 삭였던 음식이 아닐까. 최근 사의재 앞에는 찻집, 점방, 도자 판매점 등 조선시대 저잣거리를 조성해 놓았다. 주말마다 저잣거리 마당에서는 조만간(조선을 만난 시간의 줄임말) 마당극 공연이 펼쳐진다. 고교생부터 70대 할머니까지 지역 주민들로 구성됐으며 전문 배우 못지않은 열정과 끼를 보여준다. 다산 정약용 유배 이야기를 재현해 해학과 교훈을 전달하고 관객과 하나 되는 시간을 가진다.

다산을 찾아가는 길, 다산초당

사의재에서 승용차로 20여 분 떨어진 곳, 만덕산 자락에 다산초당이 자리하고 있다. 마을 입구, 다산박물관에 들러 사전 공부를 하면 도움이 된다. 유배지에서 남긴 친필 간찰과 저술서 그리고 다산의 일대기를 알기 쉽게 전시해 놓았다. 10여 분쯤 귤동마을을 기웃거리며 오르다 보면 본격적으로 숲길이 나온다. 묘하게도 땅속에 있어야 할 소나무 뿌리가 지상으로 뻗어 나와 있어 뿌리를 밟지 않고서는 다산초당에 오를 수 없다. 정호승 시인은 '이 뿌리야말로 유배 시절 다산의 인고와 눈물의 상징'이라 표현하면서 이 길을 '뿌리의 길'이라 명명했다. 청정한 숲길을 5분쯤 오르면 다산이 10년 6개월을 보냈던 다산초당이 나온다. 마루에 앉아 동백숲과 대숲을 감상하면 마음이 편해진다.

마당에 놓인 널찍한 바위는 솔방울을 태워 차를 달였던 바위인 다조(茶竈)다. 다산이 손수 가꾼 연지석가산을 감상해도 좋다. 초당 뒤쪽 바위의 '정석(丁石)'이란 글씨는 다산이 손수 쓰고 정으로 새겼다고 전해진다.

동암은 다산이 2천여 권의 책을 갖추고 기거하며 손님을 맞이한 장소다. '다산동암(茶山東庵)'의 현판은 다산의 글씨를 집자해 만들었고 '보정산방(寶丁山房)'의 현판은 평소 다산을 존경한 추사의 글씨다. 천일각에서 바라본 강진만 또한 풍경이 그만인데 바다를 바라보며 형 약전을 그리워했을 것이다.

다산 실학의 산실인 다산초당

백련사 가는 길

인문학의 길, 백련사 길

다산초당에서 백련사까지는 800여m, 1시간쯤 시간을 내면 다산 유배의 백미를 만나게 된다. 숲길은 '한국의 아름다운 숲'에 선정되었을 정도로 운치 있으며 대나무, 동백나무, 비자나무 등 난대림 속을 거닐게 된다. 특히 나무 아래는 야생차가 자라고 있는데 그 향기가 코끝을 자극한다. 이 길은 제자이자 친구인 혜장스님과 초의선사를 만나는 '인문학의 길'이기도 하다. 야트막한 고개를 넘으니 만덕산의 넉넉한 산세가 품에 안긴다. 그 아래 천연기념물 제151호로 지정된 동백숲이 자리하고 있다. 200~300년 수령의 동백 1,500여 그루가 빼곡해 한낮에도 캄캄할 정도다. 여타 동백과 달리 사내의 근육처럼 울퉁불퉁한데 이는 상처 난 부위를 스스로 치유하기 위해 내뿜은 수액이 굳어져 만든 형상이란다. 그래서 더욱 애처롭고 슬프게 보인다. 3월 말 이곳을 찾으면 나무에 매달린 동백꽃을 볼 수 있고, 4월 초가 되면 동백은 머리째 떨

백련사 동백숲과 백련사 대웅보전 현판

어져 붉은 양탄자가 되어 바닥에 깔린다. 애잔한 마음에 조심스럽게 동백을 밟게 된다. 최고의 장면은 기품 넘치는 동백과 고즈넉한 백련사 부도탑이다. 신라 말에 창건된 백련사는 우직한 대웅보전이 볼 만하다. 현판을 유심히 살펴보면 '대웅'과 '보전'이 두 쪽으로 나뉘어 있으며 중간에 공포가 툭 튀어나온 것이 독특하다. 특히 대(大) 자를 자세히 보면 한 남자가 성큼성큼 걷는 모습이다. 동국진체를 완성한 원교 이광사의 힘이 느껴지는 글씨다. 만경루는 신발을 벗고 안쪽으로 들어가 창문 밖 배롱나무와 강진만 일대를 봐야 한다. 네모난 프레임에 풍경화가 그려져 있는데 마치 액자를 걸어 놓은 것 같다.

여행 팁

강진은 임금님 수라상이 부럽지 않은 한정식으로 유명하다. 청자의 도시답게 도자기에 음식이 담겨 나오는 것이 특징. 병영에서는 연탄불로 구워 낸 돼지고기가 유명하다. 기름기가 빠지고 양념이 매콤해 감칠맛이 난다. 월출산 자락에 융단 같은 차밭이 펼쳐진 강진다원은 사진 찍기 좋다.

주변 여행지

영랑생가, 세계모란공원, 강진만생태공원, 가우도, 무위사, 강진다원

진도 모세의 기적을 안 보면 500만 원 손해

1974년 프랑스 주한 대사였던 피에르 랑디는 60세의 미혼으로 진돗개 2마리, 셰퍼드 2마리를 가족으로 여기며 살았다. 특히 진돗개가 영특하고 사랑스러워 도대체 그 개가 태어난 곳이 너무나 궁금해 진도를 찾게 되었다. 진도 읍내 명견 사육장을 둘러보고는 진도 김근수 군수의 만찬에 초대받았다. 그때 홍해처럼 바다가 갈라진다는 소리를 들었다고 한다.

이듬해인 1975년 3월 29일 서울을 출발해 10시간을 달려 진도의 남단 회동마을에 도착했다. 그해에는 다른 해보다 더 많이 바닷물이 빠졌는데 이 장면을 본 통역사는 너무 놀란 나머지 벌벌 떨면서 도망가 버렸고 피에르 대사는 '모세의 기적'을 자신의 눈으로 본 것에 감동한 나머지 갯벌에 무릎을 꿇고 기도했다고 한다.

2년 후 본국으로 돌아가게 된 대사는 자신이 목격한 진도 신비의 바닷길 관련 내용을 프랑스 신문과 일본 문예춘추 잡지사에 기고했다. 그러자 진도는 일약 세계적으로 이목을 끌게 되었고, 1977년 뒤늦게 국내 언론들이 외신을 보고 덩달아 보도하게 되었다. 특히 1978년 일본의 NHK는 진도 신비의 바닷길을 '세계 10대 기적의 하나'라고 보도했다. 그러나 이것이 화근이었다. NHK 화면에 등장한 진도 주민의 얼굴이 피곤함에 찌들고 또 옷이 남루한 것이 고스란히

TV에 방영된 것이다. 원래 섬사람들은 표정 관리를 잘 못한다. 이 화면을 본 북한 정부는 핍박받는 남한 주민들의 생생한 삶이라며 왜곡 보도를 했다.

정부는 즉각 반응했다. 회동의 오래된 초가집을 다 허물고 시멘트로 처발라 옛 진도의 모습을 사라지게 했다. 냉전 이데올로기 때문에 진도의 문화유산이 허무하게 무너져 버렸다. 그 후 신비의 바닷길에 '뽕할머니 전설'을 입혔고 진도의 씻김굿과 들노래, 진도북춤, 강강술래를 더해 오늘날 신비의 바닷길 축제로 발전시켰다.

어쨌든 세계적인 관광지가 되었으니 진도 사람들은 피에르 랑디가 얼마나 고맙겠는가. 2002년 진도군은 2천만 원을 들여 피에르 랑디 흉상을 만들고 신비의 바닷길이 보이는 언덕에 공원을 만들어 흉상을 세웠다. 그러나 2010년 3인조 고철 도둑이 비문만 달랑 남긴 채 상반신 청동 조형물을 훔쳐 달아났다. 그러고는 형체도 알아볼 수 없도록 여섯 토막으로 절단해 예산의 100분의 1 수준인 20만 원을 받고 고물상에 팔아넘겼다. 그래서 한동안 동상이 없다가 다시 군에서 예산을 들여 새 청동 흉상을 세웠다. 물론 이제는 24시간 CCTV가 감시하고 있다.

몇 년 전 신비의 바닷길 축제장에서 프랑스인을 만났다. 이 신비 하나를 보기 위해 500만 원이라는 거금을 들여 한국에 왔다고 했다.

이러하니 아직도 진도 신비의 바닷길을 보지 못한 사람은 500만 원 손해를 본 셈이다. 이상 기온 탓에 바닷물 수위가 높아 바다는 예전처럼 뚜렷하게 갈라지지 않는다고 한다. 앞으로 사라질지 모르는 지구의 신비를 빨리 가서 보시라.

치유 1번지 장흥 우드랜드와 알싸한 보림사 티로드

머리가 복잡하거나 스트레스를 받을 때 해결방법이 3가지 있다. 너른 바다를 품에 안거나 푸른 하늘을 바라보거나 초록 숲을 보면 마음이 평온해진다. 그중 숲은 마음뿐 아니라 몸까지 치유된다. 장흥의 우드랜드에 가면 일반 나무의 5배나 넘는 피톤치드를 배출한다는 편백나무숲을 거닐게 된다.

한국전쟁 이후에 산들이 헐벗어 조림을 하게 되었는데 이때 심은 수종이 편백나무와 삼나무다. 특히 10시부터 2시 사이에 숲길을 걸으면 가장 좋다고 한다. 20~30m 쭉쭉 뻗은 편백숲 사이로 편백 톱밥 산책로가 놓여 있다. 마치 솜이불 위를 거니는 듯 푹신하다. 편백 노천탕에서 발을 담그고 책을 읽는 호사를 누려도 좋다. 숲속에서 낮잠을 자는 공간까지 있어 느림의 미학을 제대로 즐길 수 있다. 나무 사이에 설치된 미술품은 숲을 더욱 돋보이게 하

장흥 우드랜드 편백나무 데크 길

는데 그 옆에 서면 누구나 작품이 된다.

편백나무 치유의 숲 속내로 들어가면 하늘데크가 이어진다. 공중에 길이 놓여 있어 편백나무 가지를 만질 수 있고 나무의 시선으로 세상을 볼 수 있다. 향긋한 숲 내음이 몸과 마음을 정화한다. 전망대에 서면 우드랜드 전체가 시야에 들어온다. 숲의 끝은 풍욕장인 '비비에코토피아'다. 상록수와 대나무로 가림막을 설치해 밖에서 들여다볼 수 없게 했다. 웃옷을 벗고 움막에 앉아 바람을 쐬면 세상 부러울 것이 없다. 신선한 공기가 맨살에 닿으면 마음속 병마까지 치유될 것 같다. 토굴, 움막, 원두막은 물론 평상, 벤치 등 다양한 쉼터가 있으니 옮겨 다니면서 자연의 품속에 파묻혀라. 이 밖에 나무 미로 속을 헤매는 미로정원, 동백나무숲길, 차나무과원 등 흥미진진한 숲이 있는

무장애 데크 길인 말레길

데 거닐기만 해도 도시의 스트레스가 날아간다.

우드랜드 뒷산은 억불산, 무장애 데크 길인 말레길을 이용하면 된다. 말레는 '대청'의 장흥 사투리로 길이 3.7km, 1시간이면 정상에 오를 수 있다. 평탄한 데다가 계단이 없어 노약자는 물론 장애인도 휠체어를 타고 오를 수 있다. 산 중턱에는 하늘을 향해 툭 튀어나온 바위가 예사롭지 않은데 장흥의 수호신인 며느리 바위다. 장흥 출신 소설가 한승원이 '붓다바위'라 칭할 정도로 장흥 사람들은 이 바위를 신성시 여겼다. 특히 아침노을이 비칠 때 그 실루엣은 예술이다. 그 옛날 장흥 읍내에는 구두쇠 영감이 살고 있었다. 어느 날 시주하러 온 도승을 내쫓자 며느리가 달려가 용서를 빌었다. 그러자 도승은 며느리에게 모월 모일 이곳에 물난리가 날 터이니 "무슨 일이 있어도 뒤를 돌아보지 말고 앞산으로 가라"고 단단히 일러 주었다. 그날이 되자 정말 홍수가 났는데 며느리는 도승의 말이 떠올라 급히 억불산으로 올라가기 시작했다. 그러자 시아버지는 "며늘 아가야, 어찌 나를 두고 혼자만 가느냐?" 그 애절한 부름에 뒤를 돌아보자마자 그만 돌로 변했다. 안타까움 때문일까. 며느리 바위가 무척이나 쓸쓸하게 보인다. 구두쇠 영감이 살았던 곳이 오늘날 정남진장흥물축제가 열리는 장흥 읍내다. 일 년에 딱 한 번, 유쾌한 물난리가 나는 곳이니 그 전설은 오늘날까지 이어지고 있다.

며느리 바위를 지나 다시 크게 휘감아 걸으면 정상에 오르게 된다. 오밀조밀 모여 있는 장흥 읍내의 집들이 성냥갑처럼 보인다. 제암산, 사자산, 삼비산이 능선이 되어 춤을 추고 있다. 장흥의 찰진 바다가 푸근하게 보인다.

우드랜드에서는 편백소금찜질방을 꼭 가라. 찜질방 벽면은 온통 편백나무. 누워만 있어도 강력한 살균작용을 통해 자연치유된다. 국내산 천일염으로 꾸민 소금동굴이 특히 인기 있다. 몸에 좋은 입자가 공중에 떠다니다가 피부에 달라붙는데 피로가 저만치 물러간다.

비자림과 야생차가 어우러진 보림사 티로드

보림사 티로드와 청태전

구산선문 장흥 보림사는 국보가 2점, 보물이 4점 있지만 입장료도 없을뿐더러 그 흔한 산채비빔밥 집도 보이지 않는다. 내세울 것이 엄청 많지만 겸손과 고고함을 잃지 않는 절집이기에 경건한 마음이 앞선다. 특히 전국 10대 명수 중의 하나인 약수 맛이 끝내주는데 속세 사람들의 찌든 때까지 깨끗이 씻어 줄 정도로 깊은 풍미가 있다. 약수터에는 작은 물고기가 노닐고 다슬기가 붙어 있다. 아무래도 장흥의 물축제는 이 약수를 음미하면서 시작해야 할 것 같다.

무엇보다 최고는 절 뒤편의 비자나무숲. 80~300년 수령의 비자나무 500여 그루가 빼곡하다. 비자림에서 나오는 테르펜은 피톤치드 못지않은 살균, 살충 효과가 있다. 비자나무 아래는 천년 내력을 지닌 야생차가 자라고 있다. 천년 전 스님이 중국에서 차 씨를 들여와 심은 것이 이렇게 자생해 군락을 이루고 있다. 어린잎을 하나 따 입에 물었더니 알싸한 맛이 난다.

이 야생차밭에서 나온 차가 청태전(靑苔錢)이다. '푸른 이끼가 낀 동전 모양 차'라는 뜻으로, 가운데 구멍을 뚫어 마치 엽전을 보는 듯하다. 녹차를 돈 꾸러미처럼 매달고 일 년 이상 발효시켜 만든 떡차다. 삼국시대부터 전해 내려왔다고 하는데 주로 장흥을 중심으로 남해안 지역에서 발달했다고 한다. 일반 차처럼 우려내는 것이 아니라 청태전을 넣고 10여 분간 끓여야 제맛이 난다. 티로드는 비자림과 야생차가 어우러진 길이다. 알싸한 향기를 맡으며 600여m를 20여 분쯤 걸으면 마음이 차분해지고 세상이 더욱 아름답게 보인다.

여행 팁

장흥에서 꼭 맛봐야 할 별미는 한우삼합. 입에서 살살 녹는 장흥 한우에 은은한 향의 표고버섯 그리고 득량만에서 공수한 키조개의 관자살이 조화를 이룬다. 겨울에는 임금님의 진상품이었던 매생이국이 별미. 파래와 비슷한 매생이는 부드러워 감칠맛이 난다. 여름에는 된장물회를 권한다. 잘 익은 열무김치와 싱싱한 회, 각종 채소에 된장국물을 부어 먹는 음식이다. 해동사는 안중근 의사를 모신 국내 최초이자 유일한 사당으로 여유가 있다면 들러 보길 바란다.

주변 여행지

정남진전망대, 소등섬, 선학동마을, 천관산, 제암산, 정남진토요시장

해남 땅끝에서 만난 청년

한겨울 대한민국 해남 땅끝에서 무전 도보 여행을 하는 청년을 만났다. 대전에서 땅끝까지 10일 동안 걸어왔다고 한다. 잠은 터미널이나 사우나에서 잤단다. 온갖 고생을 하며 대한민국 땅끝에 섰으니 얼마나 가슴 벅찼겠는가?

앞으로 땅끝에서 남해안 해안선을 따라 부산까지 걷고 다시 북쪽으로 턴을 해 강릉까지 해파랑길을 걷는다고 했다. 젊은이의 투지에 감동했다.

"여기까지 왔는데 보길도는 안 들어갑니까?"

"제가 무전여행 중이어서요."

"뱃삯을 줄 테니 꼭 다녀와요. 보길도의 예송리 해변에서 몽돌 소리를 꼭 들어보세요."

그러고는 지갑에서 지폐 몇 장을 꺼내 손에 쥐어 주었다.

나중에 문자가 왔다. 모처럼 따뜻한 숙소에서 하루를 보냈고 몽돌 소리를 들었노라고.

"24세 청년이여, 우리 국토가 그대를 응원합니다."

하늘이 내려준 꽃섬,
고흥 쑥섬

사방으로 푸른 바다가 섬을 감싸 안고 있고 그 뒤로 올망졸망한 섬들이 호위하고 있다. 섬은 난대림과 꽃으로 가득한데 거기다 섬사람의 순박한 이야기까지 품고 있어 더욱 사랑스럽다. 아마 절대자가 천상에 꽃섬을 가꾼다면 쑥섬처럼 만들지 않을까 싶다.

쑥섬은 우주항공센터 부근 나로도항에서 배로 5분 거리에 있는 작은 섬으로, 거센 바람을 이겨낸 쑥이 많아 쑥 애(艾) 자를 써 정식 행정 명칭은 애도다. 한때 섬에는 70여 가구, 300여 명이 북적거렸는데 지금은 20여 명의 노인만 사는 섬이 되었다. 해안선의 길이가 고작 3.2km로 하늘에서 내려다보면 소가 누워 있는 와우(臥牛) 형이다. 그러나 정작 주인은 소가 아닌 40여 마리 고양이. 주민은 고양이와 사이좋게 공존하며 사는데 앙증맞은 고양이 벽

화가 인상적이다.

마을 돌담길부터 섬 탐방이 시작된다. 어르신의 눈을 피해 젊은 연인들이 손을 맞잡았기에 '사랑의 골목'으로 통한다. 숭숭 뚫린 돌담은 삼베옷을 걸친 것처럼 시원하다. 저 멀리 게 발을 하늘 높이 쳐들고 있는 돌게 펜션이 보인다. 갈매기 모양의 카페도 앙증맞다. 내부는 복층 건물로 은근히 넓고 냉장고에는 음료수와 커피 그리고 생수가 들어 있다. 갈매기 통에 돈을 넣는 무인 카페다.

버섯 모양의 쉼터 옆으로 탐방로가 놓여 있다. 70여m쯤 숨 가쁘게 올라간다고 해서 '헐떡길'로 통한다. 나머지는 수월한 평지길로 원시 난대림이 빼곡해 하늘 한 점 보이지 않는다. 세월의 무게에 못 이겨 90도로 허리를 숙인 나무도 보인다. 육박나무는 껍질에 육각형 얼룩이 생겼기에 이런 독특한 이름을 가지고 있다. 식물원에서도 보기 힘든 귀한 나무로 200살은 족히 넘는 노거수이며 애도의 마스코트다.

오래된 후박나무가 태풍에 몸이 휘어졌다. 자식을 업고 기르느라 등이 굽었다고 해서 섬사람들은 '어머니 나무'라 부른다. 어머니의 젖가슴을 닮은 풍성

굽은 길이 매력인 사랑의 돌담길과 섬의 마스코트인 육박나무

호수처럼 잔잔한 나로도 내해

한 옹이가 그걸 증명해 주는 것 같다. 섬사람들은 당숲을 소중히 여겼고 오늘날까지 당제가 이어져 풍어와 안전을 기원하고 있다. 그러나 시골 어디에서나 볼 수 있는 개와 닭은 없다. 제사 지낼 때 개나 닭의 울음소리가 나면 부정 탄다고 여겼기 때문이다. 그래서 개와 닭 그리고 무덤이 없는 3무(無)의 섬이 되었다. 동백나무, 후박나무, 구실잣밤나무 등이 지천에 깔려 있고 행운을 선사하는 푸조나무도 보인다. 나무마다 표찰을 달고 있으며 재미난 스토리까지 있어 생태 공부하는 재미가 쏠쏠하다. 태풍에 쓰러진 나무는 자연이 치유하도록 내버려 두었다.

원시림을 벗어나니 탁 트인 하늘이 열린다. 나로도 내해는 호수처럼 잔잔한데 바로 이 쑥섬이 수문장이 되어 거친 바람을 온몸으로 막아 주었기 때문이다. 애도의 서쪽은 해식애가 발달해 마치 영화 〈빠삐용〉의 절벽을 연상케 한다. 저 멀리 손죽도, 초도, 거문도까지 눈에 들어온다. 날이 쾌청하면 한라산까지 조망된다고 한다.

야생 무화과인 천선과가 탐스럽게 열렸다. 반쪽을 먹으면 2년이 젊어진다고 하니 그야말로 하늘이 내려준 과일이 아닐까 싶다. 탐방로 곳곳에는 『성경』 구절, 『어린 왕자』 글귀, 노자 명언 등 피와 살이 되는 글이 있으니 자연 속에서 음미하면 좋겠다.

쑥섬은 전남 민간 정원 1호다. 이는 중학교 교사 김상현 씨와 약사인 고채훈 씨 부부의 눈물겨운 노고가 있었기에 가능했다. 10년 동안 전국의 정원을 답사하고, 인터넷과 책을 통해 공부하며 조성했다고 한다. 부부의 오랜 정성이 섬사람을 움직였고 그 덕분에 곱게 쌓인 쑥섬의 세월을 걸을 수 있게 되었다. 산마루를 따라 천천히 걷다 보니 드디어 천상화원을 만나게 된다. 화초로 가득한 별 정원, 광장에 조성된 태양 정원, 초승달 모양의 달 정원 그리고 쉼터까지 있다. 빨간 고양이가 손을 내밀고 있는 작품은 이곳이 고양이 섬임을 말해 주고 있다. 수평선을 배경 삼아 핀 야생화는 노랑, 빨강, 주황, 보라 400여 종이나 된다. 처음에는 거센 파도와 바람에 꽃을 피우지 못하고 죽은 화초가 부지기수였다. 부부의 따뜻한 정성과 자생적응을 반복한 덕에 화초가 뿌리 내리는 법을 터득했다.

다시 능선을 따라 걷는다. 너럭바위는 여자 산포바위란다. 산포는 놀거나 쉬는 것을 말하는데 명절과 보름날 달밤에 여인들이 음식을 싸 가지고 와서 흥겹게 노래와 춤을 즐겼다고 하는 데서 비롯됐다. 여자 산포바위에서 200m 더 가면 남자 산포바위가 나온다. 바위가 뾰족해 남성미가 느껴진다. 이 바위 옆에 '에베레스트산과 백두산에 견줄 만하다.'라는 글귀가 걸린 것을 보면 섬사람의 기상을 엿볼 수 있다. 여자 산포바위와 남자 산포바위 사이에는 야생화가 곳곳에 피었다. 연인들이 이 멋진 꽃밭에서 사랑을 나누었다고 생각하니 로맨틱하게 보인다.

남자 산포바위 아래에 성화등대가 서 있다. 태양에너지로 작동되는 무인등대로 이곳의 일몰은 백만 불짜리다. 등대에서 내려오면 대숲이 펼쳐지고 타박타박 걸으면 쌍우물이 나온다. 쑥섬 아낙네들의 쑥떡 거리는 정보교환처다. 다시 해변 쪽으로 걷다 보니 아이 허리만 한 동백숲이 길게 이어진다. 수령이 200년은 족히 되었다고 하는데 3~4월쯤 되면 바닥에 깔린 동백꽃을 볼 수 있다.

여행 팁

나로도 연안여객선 터미널 12인승 배를 타면 5분이면 도착한다. 탐방비는 5천 원, 선비는 왕복 2천 원, 총 7천 원이면 다녀올 수 있다. 5천 원은 섬의 생태보존과 예술을 위해 활용한다. 섬 탐방로는 4km, 1시간 30분 정도 소요된다. 산을 오르기 때문에 등산화를 신는 것이 좋고 숲이 우거져 모기기피제를 뿌리면 좋다. 스틱은 탐방로를 훼손할 수 있으니 사용하지 않는 것이 좋다. 반드시 쑥섬 홈페이지(www.ssookseom.com)에서 휴장 여부를 먼저 확인하고 생태테마 및 일몰 프로그램을 이용하자.

주변 여행지

나로우주센터, 봉래산삼나무숲, 남열해수욕장, 팔영산, 팔영대교

노부부 신혼여행 사진 찍어 주기

오래전에 순천 시티투어버스를 탄 적이 있다. 여기서 노부부를 만났는데 회갑 잔치를 마치고 자식들이 해외여행을 보내주겠다는 것을 극구 사양하고 5일째 전라남도 일대를 배낭여행하고 있는 중이란다.

"너희들이 돈이 어디 있니. 전라도를 한 번도 안 가 봤으니 버스 타고 다니련다."

해남에서 시작해서 여수를 거쳐 순천까지 오셨다고 한다. 아저씨는 부천에서 작은 이발소를 운영하신다고 한다.

"아내는 나한테 시집 와서 평생 고생만 했어요. 앞으로 아내를 위해 평생 살고 싶어요."

괜히 가슴이 짠해진다. 그래서 이 아름다운 부부를 위해 뭔가 선물을 해야겠다고 생각했다. 그때 내가 해 줄 수 있는 유일한 것이 사진을 찍어 드리는 일. 취재는 일찌감치 포기하고 신혼부부 야외촬영하듯 열심히 사진을 찍어 드렸다. 헤어지기 직전 내 수첩에 이메일 주소를 적어 달랬더니 뜬금없이 집 주소를 적어 주셨다. 컴퓨터가 익숙하지 않아 메일 자체를 몰랐던 것이다.

'그래, 평생 한 번밖에 없는 회갑 기념사진인데 이왕 사진 보내 드리는 것, 어찌 조그맣게 인화해서 보낼 수 있겠는가?' 가장 큰 사이즈로 사진을 인화해 회갑 선물이라고 보내 드렸더니 이발사 아저씨로부터 감사 전화가 왔다.

"사진이 너무 멋져요. 액자에 넣어 거실에 걸어 두었습니다. 저, 그런데요. 사진값은 어떻게 하죠?"

"하하. 제가 나중에 머리 한번 깎으러 가겠습니다. 그게 사진값입니다."

그러고 보니 아직까지 사진값을 못 받았네~ 하하하.

한국판 알프스의 장관,
문경 단산 관광모노레일

한국판 알프스의 장관, 문경 단산 관광모노레일

남프랑스의 샤모니 알프스에 간 적이 있다. 케이블카를 2번 갈아타고 한없이 올라가면 알프스 몽블랑의 설경이 눈에 들어온다. 높이와 규모는 턱없이 부족하지만 우리나라에도 알프스산맥처럼 백두대간의 산줄기를 볼 수 있는 전망대가 있으니 바로 문경의 단산(956m)이다.

빨간색 산악 모노레일을 타고 느림을 즐기며 산정에 오르면 한국의 100대 명산인 희양산, 주흘산, 대아산, 황장산 등 백두대간의 봉우리가 파노라마처럼 펼쳐져 산줄기만 봐도 가슴이 탁 트인다. 봄에 올라가면 진한 핑크색 철쭉 군락을 만나며 겨울에 타면 설국열차를 타는 기분이다. 만년설의 알프스 분위기를 만끽하려면 겨울도 괜찮다. 운 좋으면 상고대까지 만나는 행운을

문경 단산 관광모노레일과 주흥산 전경

지면에 레일이 깔려 타는 맛이 있다

누리게 된다.

무인으로 운영되며 왕복 3.6km로 국내 최장 산악형 모노레일이다. 지면의 굴곡에 따라 레일을 깔아 오르막과 내리막, 좌우로 흔들림을 느낄 수 있어 타는 재미가 끝내준다. 시속 3km 느림을 즐기게 되는데 상행은 35분으로 거북이걸음이지만 하행은 25분으로 살짝 속도감(?)이 느껴진다. 8인승 모노레일 10대가 7분 간격으로 운영된다. 좌석은 푹신하며 안전벨트를 매고 이리저리 흔들리며 올라가는데 심지어 42도 경사까지 있어 우주선 타는 기분까지 든다. 스피커에서는 〈은하철도 999〉 만화 주제가까지 흘러나와 더욱 흥이 난다. 올라가는데 지루할까 봐 문경의 산세와 역사, 호국인물, 고개, 찻사발, 약돌한우 등 문경의 속살 같은 이야기를 들려준다. 창밖에는 토끼, 사슴, 멧돼지 등 산짐승 조형물이 있어 함박웃음이 나게 한다.

단산의 '단'은 박달나무 단(檀)을 쓴다. 중간쯤에서 군락을 볼 수 있다. 700m 지점에서는 벼락 맞은 소나무가 유혹한다. 학 모양으로 이걸 보면 운수 대통한다고 하니 올라갈 때 번개 모양의 픽토그램 표지판을 유심히 살펴야 한다. 마지막은 급경사. 온몸이 뒤로 젖히는 체험을 하게 되는데 이 험준한 곳을 지나면 상부 주차장(866m)에 닿게 된다. 여기엔 대기실과 편의점을 갖추고 있어 커피 한잔 음미하며 풍경을 감상해도 좋겠다. 2층 전망대에 서면 봉우리를 소개하는 안내판이 있으니 산들을 짚어보며 백두대간의 웅장함을 감상하면 좋다. 전망대에서 바로 데크 길로 연결된다. 장애인과 어르신 등 사회적 약자도 편하게 걸을 수 있도록 200여m쯤 데크로 조성했다. 그 길의 끝에는 '그네타고 썸타고'라는 애칭을 가진 그네가 있는데 끄트머리가 절벽이어서 타게 되면 짜릿함을 느낄 수 있다. 바로 앞에는 카페 겸 전망대가 서 있다. 원통형으로 조성되어 이곳에 올라가면 360도 장쾌한 조망을 볼 수 있다. 드라마에 자주 등장하는 활공장은 건너편 주흘산을 품에 안는다. 여기에서 패러글라이딩에 몸을 싣고 시원하게 창공을 날면 된다. 근처엔 오토캠핑장과 사계절 썰매장이 있고 정상까지 MTB 길도 만들어 놓아 단산이 액티비티 명소임을 말해 준다. 활공장에서 단산 정상(956m)까지는 능선을 따라 왕복 3.8km 데크 길을 따라 걸으면 된다. 왕복 1시간 40분이면 시원한 눈 맛을 즐기며 다녀올 수 있다.

예전에 단산은 시멘트 광업소가 있던 곳이다. 이곳에서 생산된 시멘트는 경부고속도로를 까는데 사용되었다고 하니 경제를 일으키는 데 큰 공헌을 했다. 다시 모노레일을 타고 하산하면 주흘산과 문경새재를 정면으로 마주한다. 주흘산은 조선시대 나라의 안녕을 위해 제사를 지낼 정도로 신령한 산이다.

문경생태미로공원

헤맬수록 힐링되는 문경생태미로공원

문경생태미로공원은 문경새재 1관문 근처에 있다. 도자기 미로, 연인의 미로, 돌미로, 생태미로 총 4개의 테마로 꾸며졌다. 측백나무로 조성되어 있어 피톤치드의 향내를 맡으며 우왕좌왕 하다 보면 땀이 송골송골 맺힌다. 아이들은 자연 속에서 창의력과 집중력을 키울 수 있어 괜찮은 놀이터다. 입구에는 포효하고 있는 공룡과 과거시험 포토존이 있으니 기념사진을 찍고 미로 속으로 들어가면 된다. 단순히 미로 속을 헤매는 것이 아니라 문경을 대표하는 보물을 찾는 스토리를 가지고 있다.

첫 번째 미로는 문경의 자랑인 도자기를 테마로 하고 있다. 곳곳에 문경도자기 조형물 포토존이 있으니 기념사진을 찍으면 좋겠다. 두 번째 미로는 인연을 돈독하게 해 주는 연인의 미로로, 미로 속에서 사랑을 확인하는 스토리이며 연인들을 위한 포토존이 많다. 하늘에서 내려다보면 하트 형태인 것이 특징이다. 세 번째는 돌미로다. 문경의 자연석을 2m 높이로 두껍게 쌓아 올렸다. 문경새재의 산성을 의미하는 것 같다. 곳곳에 앙증맞은 강아지 그림, 담을 넘는 아이 등 유쾌한 조형물이 설치되어 있다. 은근히 난이도가 높아 출구를 찾기 쉽지 않다. 네 번째는 자연생태를 주제로 하고 있다. 모든 미로마다 입구에 미로 지도가 있으니 미리 익히고 들어가면 보물을 찾는 데 도움이 될 것이다.

미로공원의 하이라이트는 3층 전망대다. 미로공원 전체가 조망되며 멀리 주흘산의 웅장한 자태를 볼 수 있다. 이 밖에 생태습지, 생태연못, 조류방사장, 유아체험숲 등 자연과 함께하는 체험거리가 가득하다. 생태연못에서는 잉어, 붕어가 노니는 것을 볼 수 있으며 여름에는 형형색색의 연꽃이 유혹한다. 조류방사장에서는 공작새, 칠면조를 만날 수 있다.

여행 팁

문경 단산 관광모노레일은 하절기에는 09:00~18:00, 동절기는 09:30~17:00 운행하며 왕복 1만 2천원이다. 2천 원짜리 문경사랑 상품권으로 돌려주니 문경생태미로공원에 입장할 때 사용하면 된다. 상행 35분, 하행 25분으로 탑승시간만 60분이 소요되며 문경관광진흥공단 홈페이지(www.mgtpcr.or.kr)에서 온라인 예약을 받는다. 주말에는 사람이 몰려 현장에서 탑승권 구입이 힘들다. 맨 앞좌석을 예약하면 짜릿한 경치를 볼 수 있다. 임산부는 탑승할 수 없다.

주변 여행지

문경종합온천, 문경새재도립공원, 옛길박물관, 문경도자기박물관, 박열의사기념관

명주 실타래를 풀어 만든 길, 상주 금상첨화 아트로드

상주는 비단, 곶감, 쌀을 대표로 하는 삼백의 고장이다. 그중 함창은 예로부터 '비단의 고장'으로 이곳에 비단을 테마로 아트로드가 조성되어 있다. 함창역에서 시작해 가야마을-가야왕릉-함창전통시장-세창양조장에 이르기까지 마을 사람들의 스토리를 접목해 비단이 예술로 변해 가는 과정을 만날 수 있다. 일명 금상첨화(錦上添畵) 길로 '비단 위에 그림을 더하는 길'이란 의미가 있다.

아트로드의 시작은 함창역이다. 한때 북적거렸던 역사는 무인역으로 바뀌었고 대합실은 함창의 역사와 예술을 전시하는 아카이브 박물관으로 사용되고 있다. 역사 천장은 명주실을 감은 물레로 꾸며졌다. 역사 앞 누에 모양의 저장고부터 아트로드가 시작된다. 누에에서 명주실이 나오듯 가느다란 페

함창역 설치 미술작품

명주실 뭉치와 시장 아주머니의 파마머리를 형상화한 작품

인트 선을 따라가면 길을 잃을 염려는 없다.

사거리에서 우회전하면 살아 있는 박물관인 함창버스터미널이 나온다. 내부에는 민주정의당 모 국회의원이 기증한 대형 거울이 있고 공중전화도 보인다. 시내버스가 가는 지명도 적혀 있는데 은척, 장암, 무릉, 흑암, 여물 등 어감상 고향 느낌이 물씬 묻어나는 지명이다. 밤에는 컴컴한데 매표소만 불을 밝히고 있어 호롱불 켠 고택을 보는 줄 알았다.

길 건너에 하얀 타일 옷을 입은 카페 '버스정류장'이 유혹한다. 이층집 철공소 사택이었는데 내부는 책으로 빼곡하며 빈티지 느낌이 강하다. 가정집 골방에 앉아 진한 대추차를 음미하는 것도 행복하겠다. 근처 함창 목공소는 콩알만 한 공간에서 미술작품을 감상하는 재미가 남다르다.

조금 더 걸으니 함창중고등학교가 나온다. 문방구인 '학생사' 간판 글씨는 해어졌다. '카메라 대여, 필름 판매, 교련 장비'는 시간을 거꾸로 돌려놓은 것 같다. 다시 명주실을 따라가면 가야마을 입구다. 황금색 엽전 조형물에는 우물터, 왕릉, 곶감 말리는 풍경 등 마을의 풍속화가 빼곡하게 그려져 있다. 마을 한가운데에는 고령가야의 태조왕 무덤이 있다. 만세각 툇마루에 앉아 왕국의 흥망성쇠를 상상해 본다.

가야마을은 집마다 매달린 그림 문패를 보는 재미가 있다. '선인장꽃 피는 집', '콩밭 매는 이용성 할머님댁' 등 심지어 벽에 그린 낙서까지 아크릴판으로 보존하고 있다. 잔잔한 미소를 지으며 마을 담벼락을 감상하다 보면 '가야사랑마을공작소'가 보인다. 빈집을 개조한 후 1970년대 생활용품과 흑백사진을 적절하게 배치해 마을박물관 역할을 하고 있다. 좀 더 걸으면 가야왕비릉을 만나게 된다. 다시 명주실을 따라 소방서를 지나 큰길을 건너면 함창전통시장이 나타난다. 담벼락에는 장날의 씨름 풍경과 명주 제작과정을 벽화로 채워 넣었다. 시장 아케이드 지붕에는 복잡한 조형물이 매달려 있는데 명주실 뭉치와 시장 아주머니의 파마머리 라인이란다. 한때는 전국 최고의 명주시장으로 북적거렸을 텐데 지금은 적막하다 못해 쓸쓸하게 보일 뿐이다. 장날(1, 6일)에 오면 좀 나으려나?

아트로드의 얼굴 돌과 가야마을 문패

장터 한가운데 있는 명주협동예술갤러리에는 배냇저고리와 베틀이 전시되어 있다. 아기가 뱃속에 있을 때부터 만든다는 배냇저고리는 자녀 탄생의 기쁨과 부모의 사랑과 정성을 표현하는 기념 옷이다. 어떤 직물보다도 따뜻하고 촉감이 부드러우며 아이의 모습을 품위 있게 해 준다고 한다. 현재 갤러리에는 50벌이 전시되어 있는데 함창읍사무소에 출생신고를 하면 이 배냇저고리를 선물로 받게 된다. 앞으로 미국이 아닌 함창으로 원정출산 오는 산모가 있기를 기대해 본다.

시장은 시간을 거꾸로 돌려놓은 듯하다. 참기름집, 튀밥집 등 레트로 분위기가 물씬 묻어나 간판 보는 재미가 있다. 언덕에 자리한 함창장로교회에는 고지도 안내판이 있으니 함창 읍내를 내려다보며 비교해 보면 좋겠다.

다시 큰길을 건너면 이 아트로드의 하이라이트 격인 세창주유소(酒遊所)가 나온다. 기름을 넣는 주유소가 아니라 술을 만드는 막걸리공장이었다. 세창도가는 1956년부터 2004년까지 함창 사람들의 애환을 달랬던 술도가로 2015년 과감히 미술관으로 변신했다. 아카이브관은 과거 직원들의 숙소였고 금상첨화 만화갤러리는 쌀을 빻는 장소로 정미기계와 애니메이션이 절묘하게 조화를 이루고 있다. 아트카페 술도가는 쌀과 밀가루 등 자재를 쌓아놓은 창고로 막걸리가 부풀어 오르는 과정을 예술작품으로 볼 수 있으며 센서를 통해 가야금 연주 소리를 들을 수 있다. 라온섬유갤러리는 세창도가의 사무실이었다. 그 밖에 배달원의 대기실, 발효항아리, 철자재 등은 음악과 미술이 접목해 멋진 공간으로 거듭났다. 입구에 자리한 가야별곡에선 고령가야왕국의 부활을 꿈꾸며 주민들의 문화부흥을 기원하는 작품을 만난다. 공갈못의 새소리, 물소리 등 자연의 소리도 들을 수 있다. 다시 세창양조장을 빠져나와 길을 따라가면 출발지인 함창역이 나온다.

명주실을 따라가면 된다

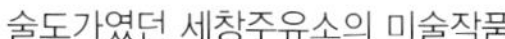

술도가였던 세창주유소의 미술작품

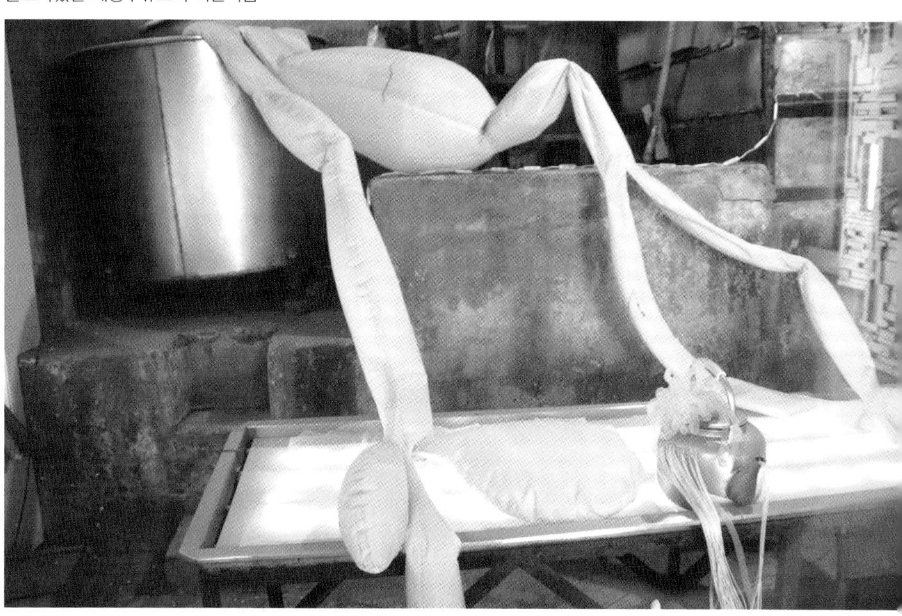

허씨비단직물

비단으로 만든 배냇저고리

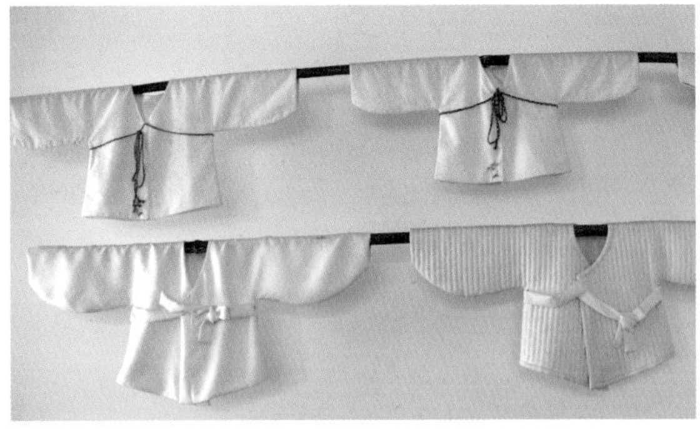

허씨비단직물

누에고치를 삶아 막대기로 꾹꾹 눌러 주면 첫 번째 줄이 따라 올라 물레에 감기게 되는데 이것이 형사들이 수사할 때 사용하는 용어인 실마리란다. 이 명주실은 엄청나게 튼튼해 가야금과 거문고의 줄로 사용된다고 한다. 5대째 가업을 잇고 있는 상주 허씨비단직물은 예전 방식대로 비단을 만드는 공장이다. 누에박물관이 있으며 명주 길쌈방에서는 다양한 물레를 볼 수 있는데 자전거 바퀴 물레도 볼 수 있다. 미리 예약하면 견학 프로그램(054-541-3730)에 참여할 수 있고 비단도 구입할 수 있다.

여행 팁

함창 읍내를 한 바퀴 도는 금상첨화길은 3km, 대략 2시간 정도 소요된다. 금, 상, 첨, 화의 4개 권역에서 총 30여 작품을 만나게 된다. 작가와 주민이 함께 만든 마을미술프로젝트 사업으로 함창역에서 금상첨화 안내지도를 받아 명주실을 따라 걸으면 된다. 지도 뒷면에는 예술작품 설명이 적혀 있다. 코로나 때문에 실내 밀집 공간은 막고 있으니 상주시청(054-533-2001)에 확인하고 가야 한다.

주변 여행지

명주박물관, 함창향교, 동학교당, 성주봉자연휴양림, 공검지, 삼강주막, 회룡포

대한민국 마지막 주막, 예천 삼강주막

삼강주막은 대한민국 마지막 주막이다. 삼강(三江)은 강원도 태백시 황지연못에서 발원하는 낙동강, 봉화에서 발원한 내성천, 문경에서 흘러내린 금천이 만나는 곳이다. 이곳에 삼강나루터가 자리 잡고 있다. 부산 구포에서 소금을 가득 실은 나룻배와 쌀을 가득 실은 미곡선이 안동으로 가기 위한 길목이 삼강이다. 거기다 영남의 유생들이 목선을 타고 와서 이곳에 하선해 문경새재를 넘어 한양으로 과거시험을 치르러 갔던 장원급제길이기도 하다. 그러니까 삼강주막은 과객들의 허기를 달래 주고 보부상들의 숙식처 역할도 했으며 때로는 시인 묵객들의 안식처가 되기도 했다.

낙동강변에는 뱃사람을 위한 주막이 즐비했지만 오로지 삼강주막만이 그 명맥을 이어 왔다. 주막은 마을에서 외떨어져 있어 쓸쓸하게 보였다. 이곳을 지키던 우리나라 마지막 주모는 유옥연 할머니였다. 뱃사공인 남편이 있었지만 서른셋에 저세상으로 가버렸다. 남은 것은 쓰러져 가는 오막살이 한 채와 500년 된 회화나무 한 그루 그리고 말 없이 흘러가는 낙동강이 전부였다. 한때는 이 코딱지만 한 방구석에 15명이 비집고 둘러앉아 막걸리 잔을 돌렸던 때도 있었다. 괴나리봇짐을 멘 과객은 쪽마루에 걸터앉아 막걸리 한 사발에 흥에 겨워 "조~오타!"라는 탄성을 내질렀을 것이다.

어느 날 괴물 같은 철제 다리가 놓이면서 손님이 줄더니 나룻배마저 수해에 떠내려가 버려 주막은 제 갈 길을 잃었다. 저잣거리의 상인과 뱃사공마저 떠

20년 전 삼강주막

예천 삼강주막과 500년 수령의 느티나무

나 버렸지만 할머니는 50년간 자신의 분신인 주막을 그만둘 수 없었다. 할머니는 홀로 술잔을 주거니 받거니 하면서 주모가 되기도 하고, 과객이 되기도 했을 것이다. 2005년 10월, 유옥연 할머니는 달랑 주막 한 칸을 남긴 채 89세의 나이로 생을 마감하게 되었다. 할머니만 저세상으로 간 것이 아니라 이 땅의 마지막 주막도 함께 사라진 것이다.

까막눈이던 주모는 놋쇠 젓가락으로 흙벽에 선을 그어 외상값을 표시했다. 막걸리 한 잔 외상이면 짧은 선, 한 주전자면 긴 선. 외상값을 갚으면 세로줄을 외상장부로 만들었다. 평생을 가난하게 살았던 할머니는 외상값을 다 받지 못하고 세상과 이별했지만 장돌뱅이들에게 베푼 정 때문에 천국에서는 풍족하게 살 것이다. 부엌 한쪽에는 세월에 때가 잔뜩 묻어 있는 술독이 주인을 기다리고 있다.

거의 폐가가 되어 사라질 뻔했던 주막은 다행히 2005년 역사문화적 가치를 인정받아 경상북도 민속문화재 제134호로 지정되었다. 1900년경 지어졌던 주막 옆에는 보부상과 뱃사공의 초가집을 복원했다. 삼강마을 주민 가운데 주모를 뽑았으며 추억을 곱씹으며 허기를 달래 줄 주막을 다시 열었다. 마을의 아낙들은 할머니로부터 배운 배추전과 도토리묵, 두부와 함께 걸쭉한 막걸리를 팔고 있으니 50여 년간 이어온 맛은 변함이 없다.

주막의 수호신인 회화나무는 무려 500년을 살아 주막의 산증인이다. 300년 전 상주의 한 목수가 배를 만들면 돈을 벌 것 같아 나무를 베려고 했다. 나무 그늘이 좋아 잠시 낮잠에 빠졌는데 꿈에 백발의 노인이 나타나 '나무를 베면 네가 먼저 죽으리라.' 하였다. 목수는 눈을 뜨자마자 겁에 질려 혼비백산 달아났다고 한다.

입구에는 거대한 엽전 조형물이 있으니 기념사진을 찍으면 부자가 될 것 같다. 초가식 무대도 볼 만하며 뒤쪽에 대숲 길을 조성해 놓았다. 물 위에 떠 있어야 할 황포돛배는 둑 위에 올라와 있다. 1960년대까지 내륙교통의 중요한 수단으로 배 한 척당 30가마니의 쌀이나 소금을 실어 날랐다고 한다.

강바람이 솔솔 불어오면 둑 산책하기에 그만이다. 해 질 무렵 노을이 드리워졌을 때는 그야말로 그림이다. 모래톱을 감상하며 걷다 보면 저 멀리 동화

주모의 외상장부와 막걸리와 배추전

속에 등장할 만한 삼강 파브르 펜션이 유혹한다. 딱정벌레, 메뚜기 등 곤충 집들이 강변에 도열하고 있다. 2016년에는 예천에서 곤충엑스포를 개최한 곤충의 고장이기도 하다.

강변 사람들 이야기, 강문화전시관

강변 한쪽에는 강문화전시관이 자리하고 있다. 삼강을 기반으로 하는 강 문화를 주제로 하고 있으며 과거를 돌아보고 미래를 그려 보는 스토리를 담고 있다. 제1존은 강 이야기로 세계의 강 그리고 낙동강의 자연 다큐멘터리를 담고 있다. 제2존은 예천을 빛낸 사람들의 이야기, 제3존은 문화 다큐멘터리로 낙동강을 주제로 한 시와 그림 등을 감성적으로 표현하고 있다. 제4존은 인물 다큐멘터리로 500년 주막과 유옥연 주모의 이야기를 통해 삼강주막의 따뜻한 추억을 회상하게 된다. 서클영상관은 태백산 황지에서 부산 을숙도까지 낙동강의 아름다운 풍경과 예천의 강 문화를 스펙터클한 와이드 영상으로 누워서 볼 수 있도록 꾸몄다. 기발한 어린이 놀이터가 있으며 북 카페테리아에서는 강을 보며 책을 읽을 수 있도록 했다. 옥상에는 낙동강을 조망할 수 있는 전망대가 있다.

고향이 그리울 때, 보고 싶은 얼굴이 아른거릴 때 경북 예천 삼강주막을 찾아 걸쭉한 막걸리 한 사발을 마시면 지난날의 추억이 스멀스멀 떠올라 마음의 위안을 얻을 것이다.

강문화전시관

여행 팁

삼강주막에서 20여 분 떨어진 곳에 회룡포 전망대가 있다. 전망대 격인 회룡대에 서서 내려다보면 술이 가득 담긴 호리병 모양의 물길이 회룡포마을을 휘감아 도는 것처럼 보인다. 회룡포는 태백산의 맥과 소백산의 맥이 절묘하게 만나는데, 물은 용이 비상하는 것처럼 대지를 휘감아 돌고 있다. 산과 물이 모두 태극 형상을 하고 있으니 명당 중의 명당이다. 용궁면은 순대국밥과 오징어불고기로 유명하다.

주변 여행지

회룡포, 초간정, 예천곤충생태원, 예천천문우주센터, 금당실마을, 용문사

귀신통 납시오.
대구 사문진

1900년 3월, 대구에 온 미국인 선교사 사이드 보탐 부부는 미국에서 피아노를 가져왔다. 미국 호놀룰루-일본 요코하마-도쿄-시모노세키-나가사키를 경유해 부산에 도착해 하루를 묵었고, 낙동강을 거슬러 올라 이곳 달성군 사문진에 도착해 대구 종로까지 가져 가야만 했다.
워낙 피아노가 무거워 나귀나 마차로는 도저히 운반할 수 없어 육로 대신 낙동강 뱃길을 이용한 것이다. 인근에서 짐꾼 20여 명을 모아 상여용 막대 2개를 구해 새끼줄을 두껍게 엮어 대구까지 실어 나르게 했다.
짐꾼들은 이 묵직한 물건이 무엇인지 무척 궁금해했고 짐꾼 중 한 사람이 포장을 살짝 걷어 낸 후 무심코 건반을 내리쳤다. 그때 갑자기 "쾅!" 굉음이 울려 퍼져 놀라 뒤로 자빠졌고, 이때부터 이상한 소리를 낸다고 해서 '귀신통'이라 불렸다고 한다.
"귀신통 납시오. 저리 비키시오."
논길, 산길, 도랑, 연못 등을 거치면서 천신만고 끝에 대구의 선교사 집에 도착해 대문을 뜯어내고 피아노를 간신히 집 안으로 넣었다. 포장을 뜯어 보니 제대로 남아 있는 건반은 찾기 힘들었다고 한다. 다행히 조율이 잘 되어 연주하는 데 문제는 없었다고 한다. 아내 에피는 이 피아노를 연주해 아이들에게 찬

송가를 가르쳤다고 한다. 대한민국의 첫 피아노 선율은 대구에서 울려 퍼진 것이다.

대한민국 피아노의 첫 관문이었던 사문진에 가면 당시의 피아노 조형물을 볼 수 있다. 피아노를 나르는 조선 인부들의 사진도 있다. 이곳의 벤치, 시계, 화장실, 장승 등은 모두 피아노다.

아직 피아노『바이엘』의 교본을 떼지 못한 사람이라면 이곳을 찾아 음악의 기를 받으시라.

문인상이 마루에 누워 있는 이유, 대구 남평문씨본리세거지

두루마기를 휘날리며 고샅길을 사부작사부작 걷는 선비. 그 고고함이 딱 어울리는 곳이 대구 달성의 인흥마을이다. 길게 이어진 돌담은 정갈하며 세월의 때가 잔뜩 묻어 있는 한옥에는 격조와 기품이 묻어 있었다. 한옥이 숙식의 공간이 아니라 사유와 철학의 공간임을 일깨워 주는 마을이다.
인흥마을은 대구 달성군 화원읍 본리리에 자리한 남평문씨 세거지다. 대구 화원의 아파트 단지와 그리 멀리 떨어져 있지 않은 곳에서 이렇게 고택을 지키고 반가의 전통을 유지하며 살아온 것 자체가 놀랍다.
고려 때는 인흥사(仁弘寺)라는 사찰이 있었는데 지금은 시멘트만 덕지덕지 바른 삼층석탑만이 이곳이 절터였음을 말해 주고 있다. 남평문씨는 고려 말 우리나라에서 처음으로 목화씨를 들여온 문익점의 가문이다. 그래서일까

인흥마을 기와집

수봉정사 대문의 빗장은 거북상

마을 앞은 너른 목화밭이 시원스럽게 펼쳐져 있다. 1970년대 번안가요인 〈목화밭〉 노래를 흥얼거리며 마을로 들어섰다. 가장 먼저 맞이한 것이 수봉정사. 현판은 기하학적 글씨가 이채로운데 조선 말 전서체의 대가 위창 오세창의 글씨란다. 경유당(敬遺堂) 글씨도 그의 작품이다. 명필의 편액만 보더라도 남평문씨 가문의 위세와 내력을 알 수 있다.

수봉정사는 수봉 문영박을 기리며 후손들의 학문과 교양을 쌓는 교육 장소다. 대문의 빗장은 장수를 상징하는 거북이며 등껍질까지 꼼꼼히 양각했고 거북 등 왼쪽에는 곤괘, 오른쪽은 건괘를 새겨 놓았다. 장수를 기원하고 화재를 막기 위한 비보다. 물고기 모양의 자물쇠를 달았는데 물고기는 항상 눈을 뜨고 있어 집을 잘 지키라는 의미다. 잠금장치는 거북의 꼬리에 숨어 있다. 노송은 세월에 잔뜩 허리를 굽히고 있으며 긴 가지는 마당에 그늘을 만들어 내고 있다. 그 아래 석가산을 쌓고 바위 하나를 올렸는데 자세히 보면 거북이 새겨져 있다. 마치 이응노 화백의 암각화를 보는 듯하다.

수봉정사 건물은 고졸하면서도 정교하다. 자로 잰 듯이 끼워 맞췄는데 오랜 세월이 흘렀음에도 비틀어지지 않고 어긋남이 없는 것을 보니 당대 최고 목수의 손길이 닿은 것 같다. 호피 문양의 기둥이 튼실한데 가죽나무란다. 전면 마루 위에 살짝 단을 높이고 측면에 난간을 두어 누각을 만들었고 사백루(思白樓)라는 현판을 달았다. '생각은 하얗게'라는 의미인데 복잡한 세상을 하얀 눈으로 덮기를 바랐기 때문이다.

기둥과 대들보는 안정감을 더해준다. 마루 끝에는 이청각(履淸閣)이라는 현판을 달았다. 이청(履淸)이란 '청렴을 밟는다'는 의미로, 마루 위를 거니는 자체가 청렴이라니 의미심장한 표현이다. '쾌활(快活)'은 추사의 글씨를 집자해서 만들었는데 호방하고 유쾌한 글씨가 맘에 든다.

마루 아래에 문인석 2기가 누워 있는데 마치 조선판 미라를 보는 듯하다. 원래는 수봉 문영박의 묘소에 세우려고 후손들이 구입했다고 한다. 수봉은 늘 청렴하게 살아왔는데 화려한 석상을 세우는 것을 원치 않는다는 유언을 남

마룻바닥 아래 미라처럼 보이는 문인석

인흥마을 돌담길과 능소화

켰고, 후손은 묘소에 세우지 못하고 할 수 없이 이렇게 마룻바닥 아래에 두었다고 한다. 후손은 매일 이 석상을 보면서 수봉의 큰 뜻을 되새긴다고 한다. 비록 문인석은 누워 있지만 나라와 백성을 생각하는 애민 정신은 늘 우리와 함께하고 있다.

마당에는 우물이 자리하고 있는데 정말 우물 정(井) 자 모양처럼 생겼다. 수봉정사 옆문으로 들어가면 인수문고와 중곡서고가 자리한다. 수봉이 사비를 털어 20년 동안 모은 8,500여 책을 수장하고 있다. 한 책이 2~3권 분량이라고 하니 대략 2만 권쯤 된다. 이는 도산서원의 2배에 육박하며 문중 문고로는 국내 최대 권수를 자랑한다. 유성룡의 『징비록』, 『고려사』, 유형원의 『반계수록』도 볼 수 있다. 유생들은 이곳에서 책을 빌려 수봉정사나 광거당에서 읽었다고 한다. 수봉정사 옆에는 수백 년 된 회화나무가 자라고 있는데 학자수란다. 밖을 나오면 돌담길이 신작로처럼 곧고 길게 뻗어 있다. 6월 말에서 7월까지 능소화 가지가 담장을 길게 늘어뜨리면 전국의 사진작가들이 진을 치며 셔터를 누른다.

학문과 예술의 공간, 광거당

광거당의 매력은 집 안쪽보다는 집 바깥에 둘러싸인 소나무다. 마치 길게 도열한 병정 같다. 담벼락을 따라 집을 한 바퀴 도는 재미가 쏠쏠하다. 외양간의 구유는 고목을 파 만들었다. 가장 먼저 반긴 것이 헛담이다. 남녀유별의 벽이며 주인과 손님과의 예의의 벽이기도 하다. 거기에다 벽에는 기와로 꽃을 만들어 이곳에 손님의 시선이 가게 했다. 안쪽을 바로 보지 못하게 하는 지혜의 장치다.

광거당은 3칸 건물에 단을 높여 누마루를 세웠다. 목재가 굵고 튼튼한데 바로 봉화의 춘향목을 낙동강 수로를 이용해 이곳까지 운반했다고 한다. 광거당 현판 중 가장 감명받은 것은 '수석노태지관(壽石老苔池館)'이다. 수석과 오래된 이끼 그리고 연못이 있는 집이라는 뜻이다. 이 그림 같은 글씨는 추사 김정희 글씨다. 남평문씨가 전국적 명성을 얻은 것이 광거당 건물이 건립되고 나서다. 수많은 유생들이 책을 보기 위해 몇 달씩 머물렀다고 하니 학문과 예술을 위한 문화 공간으로 보면 된다. 바깥에서 광거당을 보는 것보다 누각에 턱을 괴고 바깥을 보는 풍경이 더 아름답다.

● 여행 팁

마비정 벽화마을에는 1960~1970년대 농촌의 풍경을 담은 마을 담장벽화가 있다. 느티나무와 돌배나무가 서로 붙은 연리목 사랑나무와 국내 최고령 옻나무도 볼 수 있다. 옥연지 송해공원은 3.5km, 1시간 코스로 호수 둘레길을 걸으면 송해처럼 장수할 것만 같다.

● 주변 여행지

마비정벽화마을, 송해공원, 디아크, 비슬산, 강정보, 달성보

광거당 누각

그림 같은 글씨인 추사 김정희의 수석노태지관(壽石老苔池館)

32년 만에 전달된 상해임시정부 편지

1930년 12월, 대구 달성. 인흥마을의 수봉 문영박 선생이 50세에 세상을 떠나자 10개월 후인 1931년 10월, 상해임시정부에서 선생을 애도하기 위해 추도문을 보냈다.

'追弔 本國 慶北達成 大韓國春秋主翁 文章之先生之靈 大韓民國臨時政府一同(추조 본국 경북달성 대한국춘추주옹 문장지선생지령 대한민국임시정부일동)'

어르신에게 죽음을 애도하고 감사함을 전하는 내용인데 가장 눈에 들어오는 대목은 대한국춘추주옹(大韓國春秋主翁)이다. 즉 '한국 역사를 의미하는 분'이라는 부분이다. 도대체 상해임시정부에 어떤 기여를 했기에 이런 극존칭의 추도문을 썼을까? 가족까지 감쪽같이 속여 엄청난 군자금을 보냈다는데 이는 인수문고에서 그 해답을 찾아야 할 것이다. 1910년부터 수봉은 자비를 털어 20년 동안 8,500여 책을 사들였다.

1910년이면 나라를 빼앗긴 해가 아닌가? 상해임시정부가 1919년 설립되었으니 아마 고액의 책 대금이 상해임시정부로 유입되었을 것으로 추측된다. 특히 서고에는 중국에서 수입한 전집이 많은데 중국 서책을 비싼 값으로 쳐주어 그 돈이 임시정부로 흘러갔으리라 여겨진다.

이 추도문이 발견된 사연 역시 극적이다. 상해임시정부는 조문을 전달하기 위해 창원 출신의 독립운동가 이교재를 국내에 밀파하지만 안타깝게도 편지를 전달하기 전에 일경에 체포되어 옥사하고 만다. 1963년 수봉 사후 32년 후 이교재의 자손이 집을 수리하기 위해 천장을 손보고 있었는데 거기서 보따리 하나가 뚝 떨어졌다. 그걸 열어 보니 바로 이 조문이 적힌 편지였다.

혹독한 고문에도 이교재가 함구했기에 이 문서가 뒤늦게 빛을 본 것이다. 이교재의 부인 홍태출 여사와 아들 이정순은 32년 만에 원주인이자 상주인 문영박의 아들 문원만을 찾아 이 문서를 전달했는데 이들의 심정은 오죽했을까?

조문은 물론 특발문까지 있었다. 1930년대 당시 국제정세와 임시정부의 절박한 사정 그리고 군자금을 부탁한 내용을 담고 있다. 특발문에도 '대효(大孝)'라는 글씨가 보이는데 중국에서 상주를 의미한다고 한다.

아마 1931년 문영박의 아들이 이 편지를 받았다면 군자금을 선뜻 내놓지 않았을까 싶다. 만약 일경에게 이 편지를 빼앗겼다면 남평문씨 한옥마을은 사라졌을 것이다. 증조부와 부친은 아무 이유 없이 40일을 구금당했지만 끝까지 입을 열지 않았다고 한다. 심증은 있으나 물증이 없어 일단 가둬 둔 것이다. 그 물증이 32년 만에 발견되었으니 얼마나 아이러니한가.

독립운동가 이교재 순국열사도 꼭 기억해야 한다. 김구 선생이 환국했을 때 이교재 열사를 가장 먼저 문상했다고 한다. 요즘 말하면 스파이 역할을 했을 텐데 당시 임시정부에서 그의 비중을 말해 주는 대목이다.

문영박의 증손자가 이 서류를 조심스레 꺼내는 것을 숨죽이며 지켜보았다. 증조부에 대한 자부심이 손끝에 전해진다. 비단에 인쇄된 글자 한 자, 한 자가 애국의 혼처럼 보였다.

노블리스 오블리주. 사회의 지도층 인사가 어떤 생각을 하고 또 어떻게 실천해야 하는지 문영박 선생은 온몸으로 보여주었다.

이효리가 극찬한 경주 화랑의 언덕과 건천 편백나무숲

"어떻게 이런 데가 있지. 나 태어나서 이런 풍경 처음 봐."

예능 〈캠핑클럽〉에서 이효리가 절경을 보고 극찬했던 곳은 경주 건천에 위치한 화랑의 언덕과 명상바위다. 워낙 경치가 탁월해 KBS 대하드라마 〈대왕의 꿈〉에도 배경지로 등장해 입소문을 타더니 지금은 연인이나 가족이 찾는 인생샷 명소가 되었다.

건천 IC에서 청도 쪽으로 가다 보면 우측에 높은 산이 바로 화랑 김유신이 수련하면서 칼로 바위를 갈랐다는 단석산이다. 경주에서 가장 높은 산으로, 정상에 오르면 두 동강 난 바위를 볼 수 있다.

화랑의 언덕은 경주시 산내면 내일리의 단석단 자락에 자리하고 있다. 찾아가는 길 역시 고행길로 경주에서 이런 첩첩산중을 만나리라고는 전혀 예상

이효리가 극찬한 명상바위

귀여운 외모 덕에 아이들의 사랑을 받고 있는 미니어처 피그

화랑의 언덕 나무그네와 소나무 그네

치 못했다. 숲길 중간쯤에 매표소가 있는 것도 특이하다. 성인 입장료 2천 원 그리고 반려견 입장이 가능해 강아지 입장료 2천 원을 따로 받는다. 매표소에서도 벚나무 숲길을 한참 달려야 한다. 화랑의 언덕은 대략 3만 평, 이곳에서 화랑들이 몸을 연마하고 명상했던 곳으로 지금도 그 정신을 이어받아 청소년수련관으로 사용하고 있다. 주차장은 연못 옆에 있으며 여기서부터 명상바위까지 350m쯤 초록 언덕을 가로지르면 된다.

언덕 입구에는 미니돼지농장이 자리하고 있다. 미니어처 피그는 애완용 돼지로 귀여운 외모 덕에 아이들 인기를 독차지하는데 먹이 주기 체험이 가능하다. 언덕은 드넓은 초지로 이루어져 있다. 소나무에 매달린 그네에 올라타 창공을 날면 짜릿하다. 또 다른 나무에는 폐타이어가 매달려 있어 거기에 올라탄 아이의 웃음소리가 끊이지 않는다. 나무 그늘에 돗자리를 펴고 눕거나 잔디밭에서 뒹굴어도 좋을 정도로 여유롭다.

원래 골프장 자리여서 잔디를 잘 가꾸어 놓았다. 젊은이들이 많이 찾다 보니 재미난 포토존도 많다. 초원에 거인 의자를 세워 놓아 사다리를 타고 올라가면 소설 『걸리버 여행기』 속에 들어간 느낌이다. '어린 왕자와 별' 조형물도 인기 있다. 데이지 꽃밭 속에 파묻혀 근사한 포즈를 취해 보기도 하고 이름 모를 야생화에 눈길도 줘 본다.

잔디밭을 가로지르면 길게 줄을 선 곳이 있으니 바로 명상바위다. 방송에서 이효리가 극찬한 핫스폿으로, 산줄기가 분지처럼 마을을 감싸고 있고 해발 600m 높이에서 내려다보여 사진을 찍으면 마치 정상에 올라 찍은 것처럼 보인다. 가을에는 황금색 다랭이 논이 펼쳐져 일 년 중 가장 아름다운 풍경을 만나게 된다. 경주 남산은 물론 토함산까지 중첩된 산들이 조망되는데 앉아 있기만 해도 마음이 편해진다. 청량한 바람이 불어오면 스르르 눈이 감겨서 명상바위라는 이름을 얻은 것 같다. 원래 바람이 많아 '바람의 언덕'으로도 불렸다고 한다. 명상바위는 한두 사람 정도만 앉을 자리여서, 주말에는 30여 분쯤 기다려야 차례가 돌아올 정도로 인기 있다. 한적한 평일 오전에 찾으면 명상도 가능하다.

다시 촉감 좋은 잔디를 밟으며 산책한다. 저 멀리에 피라미드 모양의 건물인 전망대가 오라고 손짓한다. 이곳에 서면 공원 전체가 한눈에 내려다보인다.

화랑의 언덕 전망대

수의지 포토존

이 건물 옆으로 놓인 길이 단석산 등산로다. 이곳부터 정상까지 2.8km, 넉넉잡고 2시간이면 단석산에 다녀올 수 있다. 반대쪽으로 내려가면 양과 산양이 놀고 있는 양떼목장이 나타난다. 여기에서도 건초와 당근 등 먹이 주기 체험이 가능하다. 너른 초원 위에 양이 한가로이 놀고 중첩된 산이 이국적 풍경을 만들어 내 '한국판 뉴질랜드'라고 부르기도 한다.

수련하기 위해 단석산을 찾은 김유신이 말에게 물을 먹이기 위해 땅을 판 연못이 수의지다. 이 연못에도 인생샷을 남길 수 있는 사진 포인트가 많다. 보트를 화분으로 만들어 뗏목을 놓고 부교를 연결했다. 그 위에는 하얀색, 빨간색 나무의자를 놓았다. 호수를 바라보며 차를 마실 수 있는 카페도 있다. 해 질 무렵 그림 같은 풍경을 만날 수 있는 곳이다.

화랑의 언덕을 벗어나면 '진목정 순교성지' 앞을 지나게 된다. 진목정(眞木亭)은 우리말로 풀어쓰면 참나무 정자다. 1858년 최양업 신부가 전교했던 마을로 허인백 야고보, 김종윤 루가, 이양등 베드로가 순교하자 세 분의 유해를 안장한 곳으로 훗날 대구복자성지로 이장했다. 성당은 작고 아담한데 순교자의 삶을 담은 스테인드글라스가 볼 만하다. 안장 터에는 순교자의 무덤을 복원해 놓았다.

내 마음의 힐링, 건천 편백나무숲

건천 IC에서 청도 쪽으로 가다 고속철도 교량 지나기 직전에 우회전해 들어가면 편백나무숲이 나온다. 고속철도 터널 바로 위쪽에 있어 시속 300km로 순식간에 내달리는 KTX 기차를 볼 수 있다. 여기 편백나무숲은 1975년 경주 지역 출신 재일교포가 조성했는데 편백나무가 각종 질병에 효과가 있다고 해서 1만 그루를 심었다고 한다. 숲속으로 들어가면 딴 세상. 산책로의 길이는 고작 500여m로 그리 길지 않아 20여 분이면 한 바퀴 돌 수 있다. 성냥개비를 꽂은 것처럼 나무가 빼곡한데 목재데크가 깔려 있어 노약자도 수월하게 걸을 수 있다. 편백나무는 숲의 향기인 피톤치드를 가장 많이 내뿜는 나무로 가운데 중(中) 형태로 산책하면 숲 전체를 둘러볼 수 있다. 곳곳에 팔각정자와 벤치가 있으니 잠시 쉬었다 가기 좋다. 숨을 깊게 내쉬며 천천히 걸으면 온몸이 개운해지는데 맨발 산책을 하면 더욱 효과가 난다. 비가 내리면 안개가 깔려 선경을 연출한다.

여행 팁

건천 IC에서 빠져나가면 편백나무숲을 먼저 들르는 것이 좋다. KTX 교량 아래에 입구가 있다. 화랑의 언덕은 경주 시내에서 멀리 떨어져 있어 일정의 처음이나 마지막에 잡아야 한다. 내비게이션으로는 '오케이 목장'을 검색해야 제대로 찾을 수 있다. 입장료는 2천 원, 아이는 무료이고 반려견(2천 원) 입장이 가능하다. 오전 9시에 문을 열고 오후 6시에 문을 닫는다.

주변 여행지

단석산, 목월생가, 경주남산, 경덕왕릉, 국립경주박물관

건천 편백나무숲

망개떡의 유혹, 의령 한우산 도깨비

경남 의령의 한우산은 여름에도 찬비가 내린다고 해서 찰 '한(寒)', 비 '우(雨)'를 써 한우산이 되었다. 한우고기에 입이 즐거울 것이라는 나의 상상은 단박에 깨졌다. 그러나 한우를 떠올린 것이 마냥 틀리다고 할 수 없겠다. 한우산 맞은편 산인 자굴산은 하늘에서 내려다볼 때 황소의 머리, 한우산과 응봉산은 몸통, 신덕산이 엉덩이 형상이란다. 자굴산과 한우산 사이 고개 이름이 황소의 목인 쇠목재다.

한우산(836m)이 인기 있는 이유는 8부 능선까지 차로 올라가기 때문이다. 꼬부랑길을 드라이브하는 재미가 남다른데 다른 각도로 보면 길의 형태가 색소폰 모양을 하고 있어 '색소폰 도로'라는 별칭까지 가지고 있다. 봄에는 하얀 벚꽃이 만발하고 가을에는 오색 단풍으로 물들어 생태홍보관 옥상에 올

'색소폰 도로'라는 별칭을 가진 자굴산 관광순환도로

한우산 10리 숨길과 한우정

라가 내려다보면 지그재그 길이 장관이다.

평일에 차를 댈 수 있는 곳은 생태홍보관, 한우정, 생태숲 주차장 3곳으로 어느 곳이든 10여 분 정도 산길을 오르면 정상에 닿는다. 정상에는 나무가 없어 사방 거침없는 풍경을 보여준다. 바람에 일렁이는 억새를 바라보며 데크 위를 쿵쿵 밟으며 걸으면 마치 하늘 위를 나는 기분이다. 북쪽으로는 오도산(1,134m)과 가야산(1,430m)이 보이고, 동쪽으로는 대구 비슬산(1,084m), 창녕 화왕산(757m) 그리고 낙동강이 아른거린다. 서쪽으로는 지리산 천왕봉(1,915m)을 적당한 눈높이로 마주할 수 있으며 황매산(1,108m)의 철쭉 평원도 시야에 들어온다. 한우산 자체도 예쁘지만 사방 명산을 한눈에 감상할 수 있는 것이 가장 큰 매력이겠다.

너무 쉽게 정상에 올라 아쉬움이 남는다면 '한우산 10리 숨길'을 걸어 보라. 사람에게 가장 좋은 고도인 해발 750m를 유지하며 마음껏 숨을 내쉬며 걸을 수 있다. 우선 생태홍보관에서 한우산 관련 자연 이야기를 공부하고 시계방향으로 걷는다. '백두산 호랑이 출몰지'라는 무시무시한 안내판에 묘한 호기심을 품고 한우산 10리 숨길에 들어섰다. 멧돼지가 몸을 긁어 줄기가 해진 소나무와 8가지로 갈라진 팔미호 나무도 눈여겨보았다. 그렇게 1.1km쯤 걸으면 넓은 데크가 나온다. 벼랑 위에는 무시무시한 호랑이 조형물이 서 있다. 산 아래 곡소마을 사람들의 증언에 따르면 6·25 전까지 눈에 파란불을 켜고 우레와 같이 포효하는 호랑이를 보았다고 한다. 특화식물원의 꽃에도 시선을 주고 큼직하게 산등성이를 휘감아 돌면 생태주차장에 닿게 된다. 이제부터 길은 시멘트로 포장된 임도와 만나게 된다. 대형 선풍기가 돌아가는 풍력발전단지를 감상하며 걷게 되는데 흙길과 데크 길이 번갈아 나온다. 홍의송 군락지도 있다. 소나무가 밑동부터 가지가 갈라져 나왔는데 붉은 수피가 특징이다. 홍의장군 곽재우에서 이름을 따왔다고 한다. 이렇게 타박타박 걷다 보면 어느덧 출발지인 생태홍보관이 나온다.

한우정은 별을 볼 수 있는 최고의 전망 포인트로, 주변에 빛 공해가 없어 은하수 관측에 최적의 조건을 갖췄다. 5월 초순이면 한우산 능선부터 산성산 일대 산등성이는 온통 분홍빛 철쭉으로 물든다. 일 년 중 인파가 가장 많을 때다. 철쭉 도깨비숲은 한우산 도깨비 설화를 볼 수 있는 공원이다. 사랑에 빠진 응봉낭자와 한우도령 그리고 도깨비인 쇠목이의 질투가 설화를 만들어 낸다. 도깨비 쇠목이는 응봉낭자의 마음을 사기 위해 망개떡을 황금으로 만들어 사랑을 고백했지만, 거절당하자 한우도령을 죽인다. 그때 응봉낭자는 그 충격으로 쓰러져 철쭉이 된다. 쇠목이는 응봉낭자를 갖고 싶어 철쭉을 삼키고 깊은 잠에 빠진다. 이루지 못한 사랑을 안타깝게 여긴 정령들은 한우도령으로 하여금 차가운 비를 내리게 했고 그 비를 맞은 응봉낭자는 철쭉꽃을 활짝 피운다. 소나무 정령은 조금 전에 보았던 홍의송이다. 도령과 낭자, 도깨비, 철쭉, 망개떡과 메밀소바까지 이런 흥미로운 소재를 공원에 접목했다. 50여m 산책로가 거대한 동화책이다.

대한민국 3명의 부자를 배출한 솥바위와 이병철 생가

의령관문 옆 남강 변에는 솥뚜껑 모양의 바위인 정암(鼎巖)이 있다. 솥은 밥을 짓는 도구로 풍요를 상징한다. 예로부터 이 솥바위를 중심으로 사방 20리(8km) 안에 부귀의 기운이 끊이지 않는다는 전설이 내려오고 있었다. 삼성그룹 이병철 회장은 8km 떨어진 의령군 정곡면, LG그룹 구인회 회장은 7km 떨어진 진주시 지수면, 효성그룹 조홍제 회장은 5km 떨어진 함안군 군북면에서 태어났다. 의령 사람들은 대한민국 3대 재벌이 이 솥바위의 정기를 받아 태어났다고 굳게 믿고 있다. 바로 옆 의병광장은 전국 최초로 의병을 일

철쭉 도깨비숲

©의령군청

삼성그룹 창업자 이병철 회장 생가

대한민국 3대 부자를 배출했다고 전해지는 솥바위

으킨 곽재우가 왜적들을 일시에 소탕했던 장소다. 여기서는 곽재우가 말을 타고 있는 동상을 만날 수 있다.

내친김에 정곡면 이병철 생가를 찾았다. 마을에는 '부자매점', '부자떡집' 등 부자라는 상호가 많다. 돌담길 이름 역시 부잣길이다. 부유한 선비 집안에서 태어난 이병철은 음식을 남기는 것을 싫어했을 정도로 낭비를 용납하지 않았다고 한다. 아담한 산이 생가를 감싸고 있는데 풍수지리상 이 집은 곡식을 쌓아 놓은 노적봉 형상으로 주변 산세의 기가 이 집에 집결한다고 한다. 두꺼비 설화도 전해 온다. 선비가 수해로 휩쓸려 가는 두꺼비를 발견해 구해줬더니 집에 곡식과 금은보화가 쌓여 있었다고 한다. 마을 초입에 황금 두꺼비상과 다이아 반지, 엽전 조형물이 있으니 부자의 기를 얻으라.

여행 팁

의령에서 꼭 맛보아야 할 음식은 망개떡으로 신선한 망개 잎을 싸 향이 좋고 자연 그대로의 떡 맛을 자랑한다. 커피색 면발에 소고기 장조림을 고명으로 얹은 의령소바는 얼큰한 국물이 속풀이에 제격이다. 전통 방식의 의령소고기국밥도 놓치지 말아야 할 별미다.

주변 여행지

자굴산, 의령예술촌, 일붕사, 의령관문, 의병박물관, 안희제생가, 탑바위

일본으로 끌려간 울산 오색팔중동백

5가지 색을 품은 오색동백을 본 적이 있는가? 5색에 8개의 꽃잎을 가진 이 '오색팔중동백'은 세계 유일의 희귀 동백이다. 임진왜란 당시, 왜장인 가토 기요마사는 울산 학성공원에서 이 동백을 발견하고 일본으로 가져가 도요토미 히데요시에게 바쳤다. 도요토미 히데요시는 이 신기한 색의 동백을 교토의 사찰에 심었고 후에 이 절은 이름을 춘사(春寺)로 바꾸었을 정도로 유명해졌다. 일본에 건너갔던 1세대 동백은 지난 1983년에 수령이 다 해 고사했고 지금은 수령 100년 정도의 2, 3세대 동백나무 10여 그루가 절 뒤뜰에 자라고 있다.

정작 원산지인 울산에서는 이 동백이 멸종됐다. 그걸 삼중스님이 400년 만에 가져와 원래 고향인 학성공원과 울산시청 정원에 심었다. 워낙 귀한 나무다 보니 학성공원은 보호를 위해 울타리로 가로막았다. 그 옆에는 큼직한 동백 처녀 조형물까지 세워 놓았다. 오색동백의 고향인 학성은 왜성이 있던 곳으로 1만 6천 명의 왜군이 조명연합군에게 포위를 당한 곳이기도 하다. 이때 왜군은 종이와 흙벽을 끓여 먹고 오줌과 군마 피를 마시며 견디었다는 일화가 전해진다. 가만히 꽃을 살펴보니 오색동백은 여느 동백처럼 머리째 떨어지는 것이 아니라 꽃잎이 흩날리며 떨어진다. 망국의 한을 품고 현해탄을 건너 일본으로 끌려간 울산 동백의 눈물이 아닐까 싶다.

울산동백

세상에 단 하나뿐인 나만의 찻자리, 하동 천년차발길

2018년 기준 한국의 1인당 커피 소비량은 연간 353잔. 전 세계 평균 132잔보다 2.67배나 많다. 불과 30년 전만 해도 감히 상상도 못 했을 일이다. 이와 달리 한국인에게 녹차는 맛이 밋밋하고 마시는 절차가 복잡하다는 편견이 있다. 거기다 사진을 찍을 만한 카페도 없거니와 또 차를 어떻게 우려야 할지 엄두가 나지 않는다.

차의 본고장인 하동에서 야생차를 근사하게 마시고 싶다면 하동주민공정여행사 놀루와의 차마실키트(2만원)를 이용해 보라. 큼직한 피크닉 바구니에는 2종의 하동 녹차와 다기세트, 보온병과 다식(녹차 크리스피), 쟁반, 돗자리까지 다 들어 있다. 하동 차의 의미, 차를 우리는 방법 등이 적힌 설명서를 보고 그대로 따라 하면 된다. 최대 4명까지 차를 즐길 수 있으니 무척이나 저렴한 편

키트를 이용한 차밭체험

차마실키트로 다원에서 생산된 차를 마실 수 있다

도심차밭

이다. 놀루와 홈페이지(www.nolluwa.co.kr)에서 예약하면 여행사나 다원에서 키트를 빌려주고 또 경치가 좋은 차밭을 소개해 준다. 지리산이 보이는 차밭에서 돗자리를 펴고 차를 우리면 평생 잊지 못할 추억거리가 될 것이다. 자연과 함께하면서도 지역에 도움이 되는, 비대면 여행 상품 중 최고다.

놀루와에서 멋진 차밭을 소개받아도 좋지만 하동군이 조성한 천년차밭길을 살포시 걷는 것도 좋다. 차시배지에서 시작해 정금차밭까지 2.7km, 2시간 정도 소요되며 파도 같은 차밭 고랑을 보면서 걷기에 전혀 지루하지 않다. 사전에 야생차박물관에서 차에 대해 공부하면 유익하겠다. 왕에게 진상을 올렸던 하동 야생차 이야기, 녹차 명인, 세계의 야생차와 다구 등 차에 대한 흥미진진한 것들을 배우게 된다.

박물관 위쪽으로 올라가면 차시배지가 나온다. 신라 흥덕왕 때 김대렴이 당나라에서 차나무 씨앗을 가져와 차를 처음 심은 장소가 쌍계사 옆 차시배지로『삼국사기』에 등장했다. 5월 하동야생차문화축제 때 이 제단에 차를 바치면서 축제는 시작된다. 1,200여 년의 연륜을 가진 토종 차밭이기에 더욱 의미 있다. 싱그러운 차밭을 산책해도 좋고 2층 팔각정에 오르면 화개천과 지리산 산세를 한눈에 감상하게 된다. 차밭을 가로지르면 대숲이 나타난다. 그러나 최근에 마을 내부 문제로 길이 끊겨 차로 이동할 수밖에 없다. 신촌차밭에 눈길을 주고 다시 마을 속내로 들어가면 차밭을 끼고 있는 찻집들이 유혹한다. 유로제다의 사랑방 창호문을 열었더니 초록 차밭이 융단처럼 펼쳐진다. 다시 마을 안쪽으로 들어가면 험준한 비탈에 놓인 차밭을 만나게 된다. '하동군 선정 아름다운 다원'의 한 곳인 도심다원이다. 얼마 전 암반 위에 멋진 쉼터를 만들어 운치 있게 차를 음미할 수 있다. 지대가 높은 곳에서 차를 마시니 신선이 된 기분이다.

다시 마을로 내려와 개울을 건너 비탈을 따라 크게 휘감아 돌면 천년차밭길의 하이라이트 격인 정금차밭이 나타난다. 팔각정 옆으로 둥글게 데크를 만

정금차밭 팔각정과 천년차밭길 지도

들어 놓아 사방 거침없는 풍경을 마주하게 된다. 팔각정에 올라 찻자리를 마련해 풍경을 간식 삼아 차를 마시면 좋겠다. 저 멀리 화개장터가 아른거리고 섬진강 너머 광양 백운산이 위용을 드러낸다. 차골에 들어가 대충 사진을 찍어도 인생샷 한 컷은 건질 것이다.

이 밖에 놀루와에서 추천하는 다원은 차시배지 인근의 혜림농원으로, 대표가 마치 히말라야 산장 주인처럼 멋지다. 드립 커피처럼 깔때기에 내린 차를 마실 수 있다. 대중에게 차를 좀 더 가까이 하려는 노고가 고맙다. 차의 풍미도 좋지만 벽면에서 찻자리가 내려오는 장치가 신기하다. 악양의 한밭제다는 섬진강을 보면서 차를 음미할 수 있어 연인들이 많이 찾는다. 주차하기 편하고 조용한 분위기다.

낭만을 위하여, 형제봉 주막과 하덕마을 벽화

형제봉 주막은 감히 내가 만난 최고의 술집이다. 악양 분지에서도 깊숙한 입석마을 속에 숨어 있다. 민가 속에 뜬금없이 술집이 위치한 것도 놀라운데 영업시간도 주인장 마음대로다. 원래 오후 5시에 문을 여는데 만약 5시까지 예약이 없다면 그날 장사를 하지 않는다. 베레모를 쓴 대표는 그야말로 자유인. 못된 손님은 당장 내쫓을 정도로 성격 또한 괄괄하다. 그래서인지 가게는 친한 친구 집에 간 것처럼 편안한 안식처다. 실은 대표가 기분 좋으면 노래를 한 곡 뽑는데 특히 한대수 노래를 잘한다. 현란한 기타 연주를 들으면 막걸리 맛이 더욱 좋아진다. 아무에게나 노래하지 않는데 지리산 자락 무명가수의 자존심이란다. 입구엔 풍금이 놓여 있고 은은한 형광등 불빛이 이연실의 가요 〈목로주점〉을 연상케 한다. 1970년대 술집 느낌을 고스란히 살렸다. 이 집은 원래 구판장과 이발소였는데 11년 전 주막으로 바뀌었다고 한다. 악양 술도가에서 말술을 받아 숙성시키기 때문에 막걸리 맛이 끝내준다. 먼 곳에서 일부러 택시를 타고 올 정도로 젊은이들이 열광한다. 추억이 그립거나 젊은 시절의 예쁜 감성을 끄집어내고 싶다면 이 집을 추천한다.

입석마을 위쪽으로 올라가면 거대한 선돌이 배밭에 서 있는데 고인돌로 추정된다. 입석마을에서 큰길로 내려가면 하덕마을이다. 정체불명의 벽화만 보다가 소박하면서도 예쁘장한 도시재생 미술작품을 만나니 마냥 행복하다. 멍에를 이용하거나 철삿줄로 황소를 만들고 농악대와 낚시꾼까지 정감 어린 자작품들이 가득하다.

여행 팁

차키트는 놀루와 홈페이지(www.nolluwa.co.kr)에서 예약하고 사무실이나 다원에서 키트를 수령받는다. 2~3곳 차밭을 둘러보며 야생차를 우려먹는다. 형제봉 주막은 5시 이후에 문을 연다. 사전에 송영복 대표(010-8025-3302)에게 예약해야 발길을 돌리는 일이 없다. 갈 지(之)자처럼 흐르는 섬진강을 가장 멋지게 보겠다면 스타웨이에 오르라. 섬진강 수면으로부터 150m 상공 위, 별 모양 건물로 탁월한 경치를 볼 수 있다. 바닥이 유리로 조성되어 아찔한 체험도 할 수 있다. 매암차문화박물관은 차밭을 보며 차를 음미하게 되는데 배우 공유가 찾아 유명해졌다.

주변 여행지

칠불사, 쌍계사, 의신 베어빌리지, 화개장터, 평사리 최참판댁, 동정호

짚와이어, 스윙그네, 오션스카이워크, 남해 어드벤처 로드

남해 바다를 품 안에, 하동 짚와이어

하동 짚와이어는 금오산 정상(849m)에서 시속 120km, 바다로 내리꽂는 느낌이다. 길이는 3,186km로 동양 최장을 자랑한다. 탑승장에서 내려다보면 까마득해 도저히 내려갈 자신이 없지만 일단 출발하면 공포는 사라지고 자유와 스릴을 만끽하게 된다. 탑승시간은 불과 5분이지만 우리나라 짚와이어 중에서 가장 길어 탁월한 바다 경치를 볼 수 있다. 성인은 평일에 4만 원, 주말에는 4만 5천 원으로 요금은 다소 비싸다. 금오산 정상에 있는 탑승지까지 승합차를 타고 올라가 짚와이어 3개 코스를 체험하고 도착지에 내려 다시 승합차를 타야 출발지에 도착한다. 복잡한 시스템 때문에 많은 인원이 탑승할 수 없어 가격이 올라갈 수밖에 없다. 1코스는 짜릿한 속도감, 2코스는 숲속

위를 나는 체험, 3코스는 점점이 떠 있는 다도해 섬을 품에 안을 수 있어 세 코스 모두 특색이 있다. 워낙 인기 있어 주말은 물론 평일에도 예약하기 힘들어 사전 예약이 필수다. 우선 체중을 측정하고 몸에 맞는 도르래 장비를 받게 된다. 이 장비에는 번호가 붙어 있어 내려올 때까지 본인이 간직해야 한다. 버스로 구절양장 같은 굽잇길을 따라 15분쯤 오르면 정상이다. 탑승장은 새의 날개 형태로 날렵하다. 이곳에 서면 순천, 광양, 여수, 하동, 남해, 삼천포까지 남해 다도해의 풍경이 가슴에 안긴다. 또한 이곳은 이순신 장군의 노량해전을 한눈에 그려 볼 수 있는 최적의 장소다. 왜군이 진을 치고 있는 순천왜성, 조선과 명나라 연합수군이 주둔하고 출격했던 묘도, 전쟁 종식을 위해 최후의 한 판을 벌였던 노량바다가 손에 잡힐 듯 가깝게 보인다. 마

동양 최장 길이의 하동 짚와이어

개통 당시 동양 최대의 현수교인 남해대교

치 노량해전 군사작전 지도를 보는 듯하다. 짚와이어 주차장 근처에는 육지의 이순신이라 불리는 정기룡 장군 사당도 있으니 놓치지 마라.

1970년대 한국 경제의 랜드마크, 남해대교와 남해각

1973년 6월 22일 남해대교 개통식에서는 고(故) 박정희 대통령이 준공 테이프 커팅을 하고 남해대교를 도보로 건너갔다. 이때 환영 나온 남해 섬사람들이 무려 10만 명. 섬사람 전부가 나왔다고 해도 과언은 아니다. 동양 최대의 현수교인 남해대교는 길이 660m, 높이 80m로 대한민국 경제 성장의 상징이자 '한국에서 가장 아름다운 다리'로 손꼽혀 1970년대 수학여행과 신혼여행의 필수 코스였다. 이곳에 남해각이라는 멋진 휴게소가 있는데 남해대교의 주탑을 형상화한 기둥보 위에 건물을 올려 이 자체만으로 훌륭한 건축물이다. 당시 해태그룹이 북쪽에는 임진각을, 남쪽에는 남해각이라는 휴게소를 조성하면서 대한민국 안보와 경제의 상징 건물로 삼았다. 전망대를 겸한 남해각은 기억의 전시 공간으로 재활용되고 있다.

세계 최대의 도자기 벽화를 볼 수 있는 이순신순국공원

이순신순국공원은 이순신 장군이 왜구의 총탄에 맞아 순국한 관음포에 조성되었다. 우선 거북선 모양의 이순신영상관에 들어가면 노량해전의 해상전투 장면을 3D로 볼 수 있다. 이순신순국공원에서는 높이 5m, 길이 200m의 세계 최대의 도자기 벽화인 '순국의 벽'을 꼭 봐야 한다. 가로 50cm, 세로 50cm 네모난 도자기 3,797장을 구워 만들었다. 노량해전의 출정, 승리 기원, 전투, 순국 그리고 오늘날 남해의 모습 총 5개의 장면이 전시되어 있다. 이순신순국공원 옆은 이순신 장군 전몰 유허지다. 솔숲을 따라 10분쯤 걸으면 첨망대라는 정자가 나온다. 이곳에 서면 노량해전 격전지인 관음포만이 훤히 보인다. 충무공이 순국하기 전부터 포구 이름이 이락포(李落浦)였다고 하니 이미 수백 년 전부터 공의 죽음을 예언했던 것 같다.

세계 최대의 도자기 벽화와 건물 자체가 예술인 남해각

바다 쪽으로 돌출된 설리 스카이워크

설리 스카이워크와 보물섬 전망대 스카이워크

길이 79.4m, 폭 4.5m, 주탑 높이 36.3m 비대칭형 교량으로 끄트머리에 유리 전망대를 만들어 놓았다. 바다를 향해 돌출되어 있어 유리 바닥 위에 서면 오금이 저릴 지경이다. 송정해수욕장은 물론 저 멀리 금산과 보리암까지 볼 수 있으며 바다 건너는 여수 돌산도다. 짜릿함을 만끽하겠다면 스윙그네에 올라타라. 해수면에서 100여m는 족히 되는 높이에 공중을 박차고 날게 된다. 마치 바다 위를 다이빙하는 느낌인데 스릴만점이다. 드라마 〈여신강림〉에서 주인공의 데이트 장소로 등장해 더욱 인기를 끌고 있다. 해안을 크게 휘감아 돌면 설리해수욕장으로 남해에서도 아름답기로 소문난 해수욕장이다.

남해섬에서 최고의 드라이브길을 뽑으라면 물건리에서 미조를 잇는 물미해안도로다. 해안선을 옆구리에 끼고 달리면 중간쯤에 등대 모양의 보물섬 전망대를 만나게 된다. 전망대에 오르면 360도 파노라마 조망이 가능해 일출과 일몰을 볼 수 있다. 2층은 카페와 스카이워크, 3층은 노을 전망대로 이곳에 서면 두미도, 욕지도, 사량도 등 한려수도 바다가 한눈에 들어온다. 이곳에서는 오션 스카이워크 체험이 인기 있는데 몸에 안전장치를 매달고 레일에 로프를 연결해 유리 바닥을 한 바퀴 도는 체험이다. 안전요원의 도움으로 공중점프, 바다 쪽으로 몸 기울기 등 짜릿한 체험을 해 볼 수 있고 이와 더불어 평생 잊지 못할 사진까지 찍어 준다. 2층 카페 안에서도 이 쫄깃한 장면을 구경할 수 있다. 전망대 옆에는 바다로 내려가는 산책로를 만들어 놓았다.

여행 팁

하동 짚와이어는 워낙 인기 있어 당일 현장 탑승은 거의 힘들다. 하동 알프스레포츠 홈페이지(www.hdalps.or.kr)에서 사전 예약을 해야 하며 전화 예약은 받지 않는다. 짚와이어를 탄다면 바람이 세기 때문에 장갑을 준비하는 것이 좋다. 설리 스카이워크의 입장료는 성인 2천 원, 스윙그네를 타려면 4천 원을 따로 내야 한다. 해 질 무렵에 가면 여수 돌산도로 떨어지는 일몰과 노을을 감상할 수 있는데 눈물이 날 정도로 황홀하다. 보물섬 전망대 오션스카이워크 체험은 3천 원으로, 주변 섬 풍경을 감상하기 좋다.

주변 여행지

남해충렬사, 남해유배문학관, 용문사, 상주해수욕장, 금산

인생샷 한 컷은 건진다. 사천 무지개해안도로

왜군의 철옹성, 선진리성

드라이브는 임진왜란 때 왜성인 선진리성부터 시작하는 것이 좋다. 임진왜란 당시 사천에는 2번의 큰 전투가 있었는데 첫 번째는 이순신 장군이 왜적을 유인해 사천 앞바다에서 적선 13척을 격파했던 전투로 이때 거북선이 처음 등장했다. 두 번째는 조명연합군 3만여 명이 성을 에워싸고 공격을 준비하다가 아군의 탄약상자가 터지는 바람에 시마즈 요시히로의 왜병 8천 명의 기습을 받고 3만 명이 몰살당했던 전투다. 이때 왜군들은 전과를 알리기 위해 조선인의 코와 귀를 베어 내 소금에 절여 본국으로 가져갔고 지금도 교토의 도요토미 히데요시 사당 앞에는 조선인 귀 무덤이 있다. 처음엔 목을 베었는데 무겁고 부피가 커 귀로 바꿨다가 양쪽 귀를 잘라 성과를 2배로 늘리

방호벽에 무지개 컬러를 입힌 무지개해안도로

임진왜란 당시 왜군의 본거지였던 선진리 왜성

는 바람에 코를 베어 증거물로 삼았다고 한다. 전과에 눈이 먼 왜군은 병사뿐 아니라 부녀자와 아이들의 코까지 베어 가는 잔혹함을 보이기도 했다. 훗날 이 시마즈 왜군은 노량대첩에서 이순신 장군에게 대패해 죽거나 만신창이가 되어 일본으로 도주하고 만다. 선진리성은 그야말로 철옹성으로 해자와 목책 그리고 2중, 3중으로 쌓은 성이 미로처럼 복잡하다. 1918년 시마즈 가문의 후손은 선진리성을 매수해 공원으로 정비하고는 성내에 벚꽃을 빼곡하게 심었다. 지금도 선진리 벚꽃축제는 이 꽃을 활용하는데 마냥 즐거워할 일은 아닌 것 같다. 1978년에는 사천해전 승첩비를 세웠고 시마즈 가문이 세웠던 비석 터에는 한국전쟁 순국 공군 장병의 위령비를 세워 자존심을 세웠다. 성 초입에는 선진리성에서 순국한 조명군총과 일본 귀 무덤에서 가져온 흙을 모아 만든 이총이 있으니 참배하는 것을 잊지 마라.

무지개해안도로, 인생샷을 찍다

선진리성에서 남쪽으로 종포마을을 지나면 방파제가 나온다. 테라스 형태의 쉼터가 있으니 잠시 차를 대고 호수처럼 잔잔한 사천 바다의 풍경을 가슴속에 욱여넣어라. 송지 당간마당부터 남양동 대포항까지 3.1km 해안도로의 방호석은 무지개 컬러를 입혔다. 검푸른 바다와 오밀조밀한 섬이 형형색색의 컬러와 잘 어우러져 젊은 친구들이 인생샷을 찍으러 일부러 이곳을 찾는다. 바다를 옆에 끼고 무지개 컬러를 가슴에 물들이며 달리다 보면 하트 포토존이 보인다. 부잔교로 연결했는데 무지개 조형물은 물론 동화 속 포토존이 발목을 붙든다. 물이 빠지면 갯벌 체험이 가능하다. 하트 조형물 아래 의자에 앉아 바다를 바라보며 포즈를 취하면 괜찮은 사진을 건지게 된다. 사천대교 아래 돌탑이 즐비한 곳이 거북선마을이다. 쏙 잡기 체험, 갯벌 체험을 할 수 있으며 풋살장과 캠핑장을 갖추고 있다. 음식체험관에선 무지개떡 3개와 커피를 3천 원에 판다. 임진왜란 때 수군 간식인 쑥튀김도 맛볼 수 있다.
사천대교를 지나 다시 해안선을 달리면 전어의 명소인 사천 대포항이 나타난다. 드라마 〈사랑의 불시착〉에서 현빈이 손예진을 남쪽으로 밀항시키는 장면을 찍은 항구가 대포항이다. 원래 기가 막힌 노을을 드라마에 담고 싶었지만 당시 전어를 먹으러 오는 관광객이 많아 통제가 불가능하자 부득이 야간 촬영을 했다고 한다. 대포항에 젊은이들이 환호하는 이유는 바다를 향해 있는 여인상 때문이다. 주황색 노을이 바다와 하늘을 적실 때 여인상을 배경 삼아 인생샷을 남기려는 관광객들로 인산인해다.

노을 천국, 실안해안도로

사천의 해안길은 여기서 끝나지 않는다. 무지개해안도로는 다시 실안해안도로에 바통을 넘겨준다. 모충공원 가는 길은 벚꽃 드라이브 코스로 숨겨진 명소다. 1592년 7월 8일 조선 수군이 왜군에게 화포를 퍼붓자 적은 완강히 저항했다. 물때가 썰물로 바뀌자 판옥선이 너무 커 사천만 안쪽 바다에서 활동하기엔 어려움이 있었다. 작전상 후퇴를 하게 되는데 이때 왜선들이 따라온 곳이 바로 모충공원 앞바다다. 수군은 퇴각하는 척하면서 바로 뱃머리를 돌려 왜선을 향해 돌격한다. 이때 최전선에 앞장선 배가 바로 거북선이다. 왜적들은 처음 보는 철갑선에 속수무책. 이 사천 앞바다에서 무려 2,600명의 왜적이 몰살을 당했다. 그걸 기념하기 위해 모충공원에 전승기념비를 세웠다. 공원을 지나면 바다 위 선상 카페인 씨맨스 카페가 나온다. 해 질 무렵 인생샷을 찍기 위해 연인들로 북적거리는 곳이다. 계속 달리다 보면 포도밭이 나온다. 마치 남프랑스의 해안도로를 달리는 기분이다.

거북선 마을에서 맛볼 수 있는 무지개떡

대한민국 9대 일몰지로 선정된 실안 노을

사천 대포항 여인상. 포토존으로 유명한 곳

해안도로 옆으로 국가중요어업유산인 죽방렴이 보이고 저도, 마도 등 섬이 친구처럼 나란히 달린다. 사천대교와 삼천포 대교 사이 이 해안길이야말로 대한민국 최고의 드라이브 코스 중의 하나로 한국관광공사 전국 9대 일몰지로 선정되기도 했다. 특히 해 질 무렵 비토섬 일대에 떨어지는 노을은 눈물이 날 정도로 황홀하다. 대교공원 전망대에 오르면 죽방렴과 황금빛으로 물든 바다 풍경을 마주하게 된다. 이 길의 끝은 삼천포대교다. 다리 아래에 사천해전 시 맹활약한 거북선의 실물 모형이 전시되어 있다. 내친김에 사천바다 케이블카를 타고 각산전망대에 오르면 다도해의 절경을 품에 안을 수 있다. 이렇게 해안도로를 달리다가 삼천포로 빠지면 보물을 얻게 된다.

여행 팁

실안노을길에서 사천대교를 건너 서포면을 지나 다리를 건너면 비토섬이 나온다. 〈별주부전〉의 전설이 있는 곳으로 월등도, 토끼섬, 거북섬, 목섬 등이 있다. 월등도는 하루 2번 썰물 때 물길이 열린다. 갯벌이 잘 보존되어 자연생태관광지로 유명하며 겨울에는 싱싱한 각굴을 맛볼 수 있다. 비토국민여가캠핑장에는 별주부전 테마파크와 물놀이장이 있으며 해변을 따라 산책로가 잘 조성되어 있다. 일반 캠핑장은 물론 토끼, 거북이 모양의 스토리하우스와 글램핑장까지 이용할 수 있다. 변학도와 발음이 비슷한 별학도까지는 다리로 연결되었으며 해상낚시공원이 있다.

주변 여행지

사천향교, 사천읍성, 항공우주박물관, 대방진굴항, 산으로 간 낚시꾼

통영인의 마음의 언덕, 통영 삼피랑을 아시나요?

'피랑'은 '벼랑'의 통영 사투리로 통영에는 서피랑, 동피랑 그리고 최근에 개장한 디피랑까지 3개의 피랑이 있다. 호텔 테라스에서 바라본 부담스러운 풍경이 아니라 작은 오막살이에서의 소박한 바다 풍경이 펼쳐져 묘한 감동을 선사한다. 지금도 코딱지만 한 오막살이집에서는 "시팔. 개새끼." 이런 인간내음 물씬 묻어나는 단어가 작은 창으로 튀어나올 것만 같다. 플라스틱 막걸리 통을 들고 집으로 들어가는 할아버지, 평상에서 수다를 떨고 있는 할머니 역시 피랑 풍경의 한 부분이다. 나의 아버지, 어머니가 살아왔던 발자국을 더듬어 볼 수 있어 통영이 더욱 사랑스럽다. 서민적이고 진솔한 정을 느끼고 싶다면 피랑을 올라라.

서피랑에서 바라본 통영 시내와 미륵산

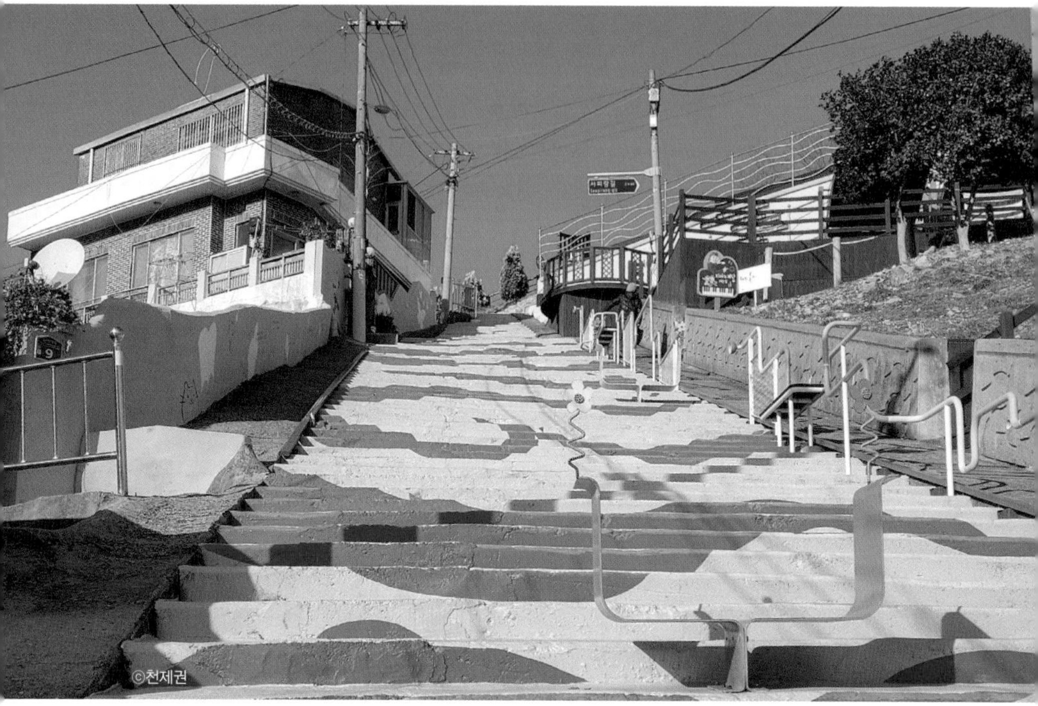

©천제권

서피랑 99계단

꽃피는 미륵산에 봄이 왔건만
님떠난 충무항은 갈매기만 슬피우네
세병관 둥근 기둥 기대어 서서
목메어 불러봐도 소식없는 그사람
돌아와요 충무항에
슬피우는 한산도 달밤에
통통배 줄을 지어 웃음꽃이 잘도
무정한 부산배는 님 싣

통영 예술인의 삶과 여유, 서피랑

벽화로 워낙 유명세를 탄 동피랑과 달리 서피랑은 조용해서 운치 있게 걷기 좋다. 발을 뻗을 수 있는 집이 있고 인간 내음 물씬 나는 골목이 있어 날 것의 통영을 만날 수 있다. 서호전통시장에서 시래깃국으로 배를 채우고 나서 시장 뒤쪽에 있는 99계단을 찾는다. 서피랑으로 올라가는 출입구다. 파란 하늘과 뭉게구름, 쪽빛 바다를 배경 삼아 파랑, 노랑, 분홍 등 컬러풀한 그림이 더해지니 남프랑스 화가의 그림을 보는 듯하다. 거기에다 담벼락과 계단에는 통영 출신 소설가 박경리의 글귀가 보여 그 의미를 곱씹으며 계단을 오르면 마음이 푸근해진다. 통영의 대표적인 달동네인 서피랑은 소설 『김약국의 딸들』의 배경이 되었다. 동백 그림이 있는 피아노 계단은 건반을 통통거리며 밟아야 제맛이다. 시원한 눈 맛에 취하다 보니 어느덧 탁 트인 언덕이 나온다. 뱃머리의 조형물에서 미륵도를 감상하고 그 옆에서는 〈돌아와요 부산항에〉의 원곡인 〈돌아와요 충무항에〉의 노래를 들을 수 있다. 가수이자 작사가인 김성술은 통영의 아름다움을 노랫말로 만들어 음반을 냈지만 안타깝게도 1971년 대연각호텔 화재 사고로 26세 나이로 요절하고 만다. 훗날 이 노래가 수록된 앨범이 발견되면서 세상에 알려졌다.

미륵도와 한산도 그리고 강구안의 바다 풍경도 감동적이지만 비스듬한 언덕에 하늘색, 하얀색 슬레이트 지붕이 눈길을 사로잡는데, 마치 부산의 감천동 문화마을의 축소판 같다. 이중섭의 〈선착장을 내려다본 풍경〉 조형물은 강구안을 향하고 있는데 그림에 남망산이 등장하는 것으로 보아 이 서피랑에서 바다를 보았을 것이다. 언덕 꼭대기에는 사방 시원한 눈 맛을 자랑하는 서포루가 자리하고 있다. 그 옆에 통영 옛 지도가 놓여 있으니 손가락으로 짚어보며 이순신 장군의 한산도대첩을 상상해 보면 절로 신이 난다.

지붕 없는 그림책, 동피랑

서피랑에서 세병관을 지나, 큰길을 건너 언덕을 오르면 동피랑이 나온다. 원래 마을이 노후화되어 재개발 위기에 놓여 있었는데 이에 머리띠를 두르고 실력행사를 한 것이 아니라 페인트통과 붓을 들고 그림을 그려 통영 시민의 마음을 사로잡았다. 철거를 면했을 뿐 아니라 대한민국 최고의 벽화마을로 거듭났다. 동피랑은 2년마다 그림이 바뀌기 때문에 갈 때마다 신선하며, 젊은 미술가의 미적인 감각과 기발한 착상을 배우게 된다. 맨홀 뚜껑이 프라이팬으로 변신하고 파리 몽마르트르 언덕보다 더 예쁜 몽마르다 언덕이 관광객을 유혹한다. 정상에 자리한 동포루에서는 360도 통영 시내를 감상할 수 있는데 특히 강구안을 멋지게 내려다볼 수 있다. 미로 같은 골목을 헤매도 좋고 마을을 크게 한 바퀴 걷는 호사를 누려도 좋다. 재미난 벽화가 많으니 인생샷 한 컷 건지는 것을 놓치지 마라.

통영의 밤을 사로잡는 디지털 정원, 디피랑

강구안 바다에서 남망산 조각공원에 오르면 시민문화회관이 나온다. 해가 넘어가면 이 거대한 건물은 캔버스가 되어 다양한 컬러와 문양으로 수를 놓는다. 디피랑은 '디지털 피랑'의 줄임말로 남망산공원 산책로 1.5km 구간에 15개의 디지털 아트 테마코스를 만들어 놓았다. 달이 뜨면 서피랑과 동피랑에 있었던 옛날 벽화들이 디피랑으로 모여 다시 살아 움직인다는 스토리를 가지고 있다. 거기에다 통영을 상징하는 나전칠기, 남해안 별신굿, 오광대놀이, 화가 전혁림의 그림까지 통영만의 자랑거리를 빛과 음향으로 구현했다. 입구부터 혼을 빼놓는다. 동굴의 천장에는 광섬유 조명이 바람에 일렁이고 기둥 돌에는 미디어 파사드 조명을 밝혀 이상향의 세계로 빨려 들어가는 느

동피랑 〈빠담빠담〉 드라마 촬영지

나전칠기를 활용한 미디어아트

반딧불이 조명

낌이다. 디지털산장, 신비폭포는 물론 안개까지 바닥에 깔려 몽환적 분위기를 연출한다. 숲속에는 반딧불이 빛으로 가득 차고 은하수가 반짝여 아이들의 상상력을 자극하며 어른들의 동심을 소환한다.

디피랑의 하이라이트는 비밀공방이다. 4면의 벽면과 바닥에 꽃과 나무, 폭포, 바다, 심지어 나전칠기 등을 홀로그램과 프로젝션 맵핑으로 입혀 감동의 도가니로 밀어 넣는다. 웅장한 음향효과가 분위기를 끌어올리는 데 한몫을 한다. 특이하게도 하늘이 뚫려 있어 별까지 볼 수 있다. 낮에는 주민들을 위해 배드민턴장으로 활용하고 있다고 하니 더욱 놀랍다.

기념품숍에서는 피랑이라는 캐릭터 상품을 만나게 된다. 피랑의 도시 통영, 빛의 마법으로 삼피랑여행을 끝맺음한다. 일찍 도착하면 남망산 조각공원을 둘러보면 좋다.

여행 팁

디피랑은 혼잡을 막기 위해 20분 간격으로 30명씩 입장을 하니 디피랑 홈페이지(ⓔ dpirang.com, ☎ 1544-3303)에서 사전 예약을 하고 가는 것이 좋다. 요금은 성인 1만 5천 원, 어린이 1만 원이고, 관람시간은 80분 소요된다. 하절기는 19:30~24:00, 동절기는 19:00~24:00까지 운영하며, 매주 월요일은 휴장이다. 주차는 무료다. 통영은 충무김밥, 복국, 굴요리 등이 먹을 만하다. 봄에는 도다리쑥국, 여름엔 갯장어회, 가을엔 전어회, 겨울에는 물메기탕 등 별미를 맛보아야 한다.

주변 여행지

청마문학관, 세병관, 해저터널, 스카이라인루지, 통영어드벤처타워

제주에서 세계적인 건축 거장을 만나다

제주도 안덕의 중산간 지역과 동부 섭지코지에 가면 세계적인 건축 거장인 안도 다다오와 이타미 준의 건축물을 만날 수 있다. 이곳에서 제주의 기가 막힌 자연과 건축예술이 하나 되는 순간을 보고 만지고 느낄 수 있다.

노아의 방주, 방주교회

배 모양의 방주교회는 이름에서 알 수 있듯이 『성경』에 등장하는 노아의 방주를 모티브로 삼고 있다. 세파에 시달리는 현대인들의 안식처가 되길 바라는 마음에서 교회를 세웠다고 한다. 편편하게 터를 잡고 얕은 연못을 만들어 자갈을 깔고 그 위에 배 모양의 건물을 올렸다. 벽면은 목재로 살을 만들었다. 내부는 통창을 통해 빛이 쏟아져 배가 전진하는 느낌이 들도록 했다. 유리 타일로 장식된 비늘은 물고기의 비늘처럼 반짝인다. 꼭대기에는 탑처럼 툭 튀어나온 부분이 있는데, 바로 하늘과 땅의 만남을 상징한다. 가장 경치가 탁월한 곳은 정면이다. 연못에 비친 방주의 모습은 데칼코마니가 되어 2개로 보인다. 산방산이 내려다보이니 교회는 방주가 되어 서귀포 바다를 향해 하는 듯하다. 2010년 한국건축가협회 대상을 수상한 건물로 세계적인 건축가 이타미 준의 대표작이다.

세계적 건축가 이타미 준의 작품인 방주교회

이타미 준은 재일교포 2세다. 건축에 대한 안목과 실력은 뛰어났지만 한국인이라는 신분 때문에 온갖 차별과 멸시를 받았다. 그럼에도 끝까지 귀화하지 않았다고 한다. 한국 이름은 유동룡, 이타미 준(伊丹潤)은 예명이다. 한국행 비행기가 뜨는 오사카의 이타미 공항과 절친한 친구이자 작곡가인 길옥윤의 마지막 글자 윤(潤)을 조합해 이름을 지었다. 이타미 준은 우연히 제주를 찾았다가 그 경치에 반해 자신의 영감을 모두 쏟아붓게 된다. 흙, 돌, 물, 바람 등 원초적이면서 묵직한 소재로 제주의 자연을 건축으로 표현했다.

비오토피아의 수풍석 뮤지엄

이타미 준 건축의 백미를 꼽는다면 비오토피아 수(水)·풍(風)·석(石) 뮤지엄이다. 방주교회에서 도보로 갈 정도로 가깝다. 탐방은 철제로 만들어진 돌박물관부터 시작된다. 사각의 컨테이너 형상으로 특이하게도 천장에 하트 모양의 구멍이 뚫려 있어 빛이 쏟아진다. 빛은 서치라이트가 되어 바닥의 둥근 돌을 비춰 돌 위에 서서 포즈를 취하면 마치 무대 위에 선 기분이다.

두 번째 갈 곳은 바람박물관. 정면에서 보면 벽면이 직선처럼 보이지만 옆에서 보면 곡선으로 휘어 있음을 알게 된다. 내부로 들어가면 나무 패널 사이로 '샤샤샤' 바람 소리를 들을 수 있고 패널 틈새로 바람에 일렁이는 억새가

바람을 느낄 수 있는 바람박물관과 제주의 하늘을 담고 있는 물박물관

보인다. 원래 벽면의 재질은 붉은 적송이었지만 바람과 습도로 인해 회색으로 변했다고 한다. 바람박물관을 나오면 풍경화를 펼쳐 놓은 듯한 생태공원을 감상하게 된다. 한라산 중산간 지역의 억새와 제주의 쪽빛 바다가 아른거린다.

호숫가를 지나 숲길을 걸으면 비오토피아의 하이라이트 격인 물박물관이 나타난다. 내부로 들어가면 네모난 연못에 물이 담겨 있다. 천장은 둥그런 형태인데 하늘에서 쏟아지는 빛이 어두운 연못을 비춘다. 바람이 세차게 불면 연못은 파장을 일으키고 비가 쏟아지거나 눈이 내리면 수면은 캔버스가 되어 그림이 그려진다. 고요한 물을 감상하며 한 바퀴 도는 자체만으로도 마음이 정갈해진다. 벽면 양쪽에는 바위가 놓여 있다. 관람객들은 이곳에 앉아 시시각각 변하는 제주의 하늘과 연못에 비친 반영을 감상하게 된다. 때 묻지 않은 자연을 건물에 끌어들이는 작가의 솜씨에 찬사를 보낸다.

22만 평 대지 위 주택단지 안에 들어가 있는 것이 특징이며 단순히 미술품을 전시한 공간이 아닌 '명상의 공간으로서의 뮤지엄'이기에 새로운 지평을 열고 있다. 자연과 속삭이다 보면 이곳이 무릉도원임을 스스로 깨닫게 된다.

원초적 아름다움, 본태박물관

본태는 '인류 본래의 아름다움을 모아 소개한다'는 의미를 가지고 있는 박물관으로 한국의 전통 수공예품을 전시하고 있다.

전시물도 아름답지만 세계 3대 건축가의 한 사람인 안도 다다오의 예술혼을 엿볼 수 있다. 그는 고등학교 졸업 후 대학에 진학하지 않고 세계를 여행하며 건축을 독학한 건축계의 괴짜다. 그의 트레이트 마크인 노출 콘크리트 건물 2동이 서로 다른 높이에 놓여 있다. 건축가는 건물 사이 공간을 미로처럼 좁고 깊은 통로로 연결해 빛과 바람 그리고 시시각각 변하는 제주의 하늘을 느낄 수 있도록 했다.

1관은 낮은 천장 건물로 전통미술작품을 전시하고 있으며 자연 채광을 절묘하게 활용하고 있다. 2관은 높은 천장 건물로 백남준과 안도 다다오의 특별

안도 다다오의 본태박물관

관이 마련되어 있다. 박물관 앞은 인공호수를 파, 웅장한 한라산과 청명한 제주 하늘을 담게 했다.

본태박물관에서 놓치지 말아야 할 것은 구사마 야요이의 땡땡이 호박과 무한거울방이다. 동화 『이상한 나라의 앨리스』처럼 몽환적 분위기를 느낄 수 있다.

지니어스 로사이를 품고 있는 유민미술관

제주의 동쪽 섭지코지에 가면 안도 다다오의 대표작 지니어스 로사이와 글라스하우스를 만날 수 있다. 지니어스 로사이는 '지역을 지키는 수호신'이라는 의미를 가지고 있는데 안도 다다오가 돌, 바람, 여자, 물, 빛 등의 제주 상징물을 건축에 구현해 냈다. 입구에 들어서면 올레길처럼 부드러운 곡선의 길이 시작된다. 수북하게 쌓아 놓은 현무암 더미에는 야생화가 꽃을 피웠다. 양쪽에서 떨어지는 물벽을 지나면 정면으로 벽을 마주한다. 창은 옆으로 길게 뚫려 있어 사각 프레임 사이로 성산 일출봉이 들어온다. 잘 짜 맞춘 액자

콘크리트와 돌담의 만남 지니어스 로사이

에 풍경이 들어온다. 갤러리에 들어가기 위해서는 긴 복도를 꺾어 들어가야 하는데 안쪽은 차가운 콘크리트, 바깥은 전통 돌담을 쌓아 올렸다.

미술관 내부도 기발한 착상이 가득하다. 달팽이 모양의 전시실이 있으며 작은 통창을 통해 빛이 들어와 작품을 비추도록 했다. 1890년대부터 1910년대까지 20년간 유럽 전역에서 일어났던 공예디자인 운동인 아르누보의 유리공예작품도 만날 수 있다. 에밀 갈레와 돔 형제 등 세계적인 유리공예 작품도 전시하고 있다.

태양을 품 안에, 글라스하우스

글라스하우스는 정동향을 향해 두 팔을 벌리고 있는 건물로 안도 다다오가 설계했다. 바다를 향하고 있는 정면은 유리로 마감해 탁 트인 공간이 시원스럽다. 1층은 지포뮤지엄으로 전 세계에서 수집한 지포 라이터를 감상할 수 있다. 2층은 민트 레스토랑. 통유리를 통해 제주의 하늘과 바다 그리고 성산 일출봉을 감상하게 했다. 야외는 마름모꼴 화단인 사계원(四季園)을 조성해 놓아 쪽빛 바다와 유채꽃을 감상하며 산책하면 그만이다.

여행 팁

방주교회

e www.bangjuchurch.org
연중무휴
₩ 입장료는 없음
서귀포시 안덕면 산록남로 762번 길 113
☎ 064-794-0611

본태박물관

e www.bontemuseum.com
서귀포시 안덕면 산록남로 762번길 69
☎ 064-792-8079

수풍석박물관 입장권에 한해 당일 본태박물관에 제시하면 50% 할인된 가격으로 입장할 수 있다.

비오토피아

e waterwindstonemuseum.co.kr
서귀포시 안덕면 산록남로 71
인터넷 예약만 가능하다.

유민미술관

e www.yuminart.org
서귀포시 성산읍 섭지코지 107
☎ 064-731-7791
*도슨트
10:30, 13:00, 15:00, 17:00

민트 레스토랑

서귀포시 성산읍 섭지코지 93-66
☎ 064-731-7773
유민미술관과 마주하고 있다.

권역별 제주 건축기행

1. 제주시 권역

스페이스 닷원, 넥슨 컴퓨터박물관, 제주시네하우스, 관덕정, 제주도립미술관, 한라도서관, 돌문화공원, 제주세계자연유산센터, 제주4·3평화기념공원, 이호테우 조랑말등대, 더럭분교, 제주현대미술관

2. 제주도 서부

테쉬폰, 방주교회, 본태박물관, 비오토피아 수풍석뮤지엄, 포도호텔, 오설록 티뮤지엄, 한림성당, 김대건신부표착기념성당, 추사기념관, 모슬포 강병대, 마라도 성당

3. 제주 서귀포 권역

소라의 성, 제주서귀포여중, 왈종미술관, 서귀포 예술의 전당, 이중섭미술관, 서귀포 기적의 도서관, 기당미술관, 제주국제컨벤션센터, 제주월드컵경기장, 〈건축학개론〉 서연의 집

4. 제주도 동부

글라스하우스, 지니어스 로사이, 피닉스 제주 리조트 아고다, 빛의 벙커, 조랑말박물관

코로나 시대 비행기가 타고 싶다면, 무착륙관광비행

2시간 만에 대한민국 일주라, 그 하나만이라도 큰 매력이다. 왜냐하면 난 20여 년 동안 이 조그만 땅덩어리의 아름다움을 찾아 싸돌아다녔고 그걸 이번 기회에 하늘에서 확인할 수 있었기 때문이다. 일종의 여행작가 성적표를 받아 보는 기분이었다. 우리 국토를 향해 쏟았던 열정을 딱 2시간 만에 느끼다 보니 만감이 교차하고 솔직히 허탈감마저 들기도 했다. 섬에 이틀 넘게 갇힌 적도 있었고 두 번이나 개에게 물렸던 적도 있는데 그 모든 건 바로 이 조그만 한반도 땅에서였다.

이번 무착륙관광비행은 특별기이기에 고도를 평소 1만m에서 3천m로 낮춰 저공비행하기 때문에 우리 국토를 좀 더 자세히 관찰할 수 있다. 더구나 지상에서 가장 큰 비행기인 A380이 가장 낮게 비행한다고 생각해 보라. 그것

무착륙관광비행

비행기에서 내려다본 부산 광안대교

만으로도 충분히 탈 만한 가치가 있다. 배 모양의 정동진의 썬크루즈호텔이나 백록담 분화구까지 가까이 볼 수 있기 때문이다.

인천에서 출발해 서울 한강을 지나 20여 분이면 강원도 강릉 경포호수가 보인다. 날씨만 받쳐준다면 저 멀리 울릉도까지 시야에 담을 수 있다. 그렇게 동진하다가 강릉에서 남쪽으로 기수를 돌려 백두대간 위를 날아가는데 정동진, 울진, 영덕 등 동해안 해안선을 그리며 비행하게 된다. 하늘에서 내려다본 동해의 코발트 바다색은 남다른 감동을 선사한다.

포항의 독특한 호미곶 지형과 포스코의 공장이 내려다보이며 이내 울산 태화강과 현대차, 현대중공업 등 대한민국을 든든히 받치는 경제의 현장을 확인하게 된다. 바로 옆 울주의 석유 화학 공장들도 분주히 연기를 내뿜고 있다. 부산에 들어서면 황령산 위로 비행하게 되는데 해운대와 마린시티, 광안대교, 오륙도, 영도와 태종대까지 부산의 명소들이 보인다. 이때 저 멀리 아른거리는 대마도 보는 것을 놓치지 말라. 다시 기수를 돌려 거제도 장승포를 지나 쿠크다스 CF에 등장했던 소매물도까지 전부 육안으로 가능하다. 제주를 향하며 바다 위를 지날 때 잠시 감동을 억제하며 숨 고르기를 한다.

20여 분쯤 지나 제주 우도가 나타나자 다시 심장이 박동하기 시작한다. 성산일출봉과 섭지코지가 보이면서 또다시 감탄사를 내뱉는다. 드디어 제주 중산간 지역의 오름 지대를 지나 한라산 백록담이 발아래 조망되면서 이번 여행의 방점을 찍게 된다.

범섬, 문섬, 섶섬 등 서귀포 해안가를 지나 비행기는 8자로 크게 선회하면서 북쪽으로 기수를 돌린다. 반대편 좌석에 앉은 분들을 위해 다시 백록담 옆으로 비행한다. 이때 가파도와 마라도가 살짝 보인다. 남쪽으로 추자도를 지나 보길도, 해남의 땅끝을 지나면 영산강과 목포 일대가 조망되며 광주 상공을 난다. 먼발치에서 신안의 다이아몬드 제도 그리고 무안, 함평, 영광 등 전남의 리아스식해안이 보인다. 고창의 선운산을 내려다보고 먼발치의 변산반

북한산과 서울의 빌딩

도를 조망한다. 새만금방조제의 거대한 규모에 혀를 차 보고 군산, 서천을 찍고 보령의 오서산 상공에서 천수만과 안면도를 감상하게 된다.

손가락을 보는 듯 들쑥날쑥한 모양의 태안반도의 리아스식해안 그리고 당진을 지나니 서해대교가 아른거린다. 영흥도 상공 그리고 장봉도, 시도를 내려다보면서 인천공항으로 회귀한다.

한반도 해안을 저공비행하면서 둘러보는 자체만으로도 본전을 뽑고도 남는다. 너무나 그리웠던 기내식도 반가워 바닥까지 긁어 먹었다.

그동안 내가 타지 못했던 교통수단이 두 가지가 있었다. 세계에서 가장 편안한 좌석을 가진 프리미엄 고속버스와 세계에서 가장 큰 비행기인 A380이다. 지난 창원 출장 때 프리미엄 고속버스를 타 보았는데 와이파이, 탁자, 스크린 등 세상에서 가장 훌륭한 고속버스였다.

하늘에서 내려다본 목포와 신안의 섬

유가가 오르자 A380은 이미 생산이 중단되었고 연료 효율 때문에 앞으로도 콩코드 비행기처럼 없어질 공산이 크다. 그렇기에 2층 계단까지 있는 이 거대한 비행기를 한 번쯤은 타볼 만하다. 이코노미 좌석이지만 무릎 공간이 넓고 220V 콘센트가 있는 것이 특징이다. 모니터를 통해 기수 쪽 실시간 화면이 보이는 것도 재미있다. 비행기가 하강할 때 기장의 방송이 심금을 때린다. "저희 아시아나 항공 일동은 머지않는 날에 코로나19가 종식되기를 그리고 우리를 떠났던 여행도, 일상도 다시 우리에게 돌아오기를 그리고 그날에는 손님 여러분을 이 비행기에 다시 모시고 함께 여행할 수 있기를 진심으로 기원합니다."

비행기가 애타게 타고 싶고, 기내식이 그립다면 무착륙비행에 나서라. 우리 국토가 얼마나 아름답고 소중한지 확인시켜 줄 것이다.

여행 팁

아시아나는 A380 관광비행을 롯데호텔과 제휴해 10~20% 할인된 에어텔 상품으로 판매하고 있다. **인천 ⋯› 부산 ⋯› 후쿠오카 ⋯› 제주 ⋯› 인천** 일정의 상품을 팔며 인천공항 면세점을 이용할 수 있다. 이밖에 대한항공 A380(부산, 제주 상공), 제주항공(대마도 상공), 하이에어(울릉도), 티웨이항공(후쿠오카), 진에어(후쿠오카), 에어부산(대마도), 에어서울(일본 동부) 등에서 무착륙국제관광비행 상품을 팔고 있다. 이왕이면 제주 한라산 상공 위를 지나는 상품을 추천한다. 여권은 반드시 지참해야 한다. 항공사별 가격 경쟁이 치열하고 코스도 다양하니 항공사 홈페이지에서 비교하고 예약하라. 주로 주말에 운행하며 비행 소요시간은 대략 2시간 내외다. 창측 좌석을 사전 예약하면 추가 요금을 받는 곳도 있다. A석 창가를 예약하고 날개에 방해받지 않도록 앞쪽이나 뒤쪽을 선택하라. 그래야 날개를 피해 사진을 찍을 수 있다. 평소 너무 비싸 비즈니스석을 이용하기 부담스러웠다면 이럴 때 이용해 보는 것도 좋겠다. 김포공항에서 제주공항으로 갈 때, 만약 한 열에 6인이 앉는다면 F석을, 돌아올 때는 A석에 앉으면 다도해 섬과 서해안 해안선을 내려다볼 수 있다. 대한민국 지도를 가져가 손으로 짚어보면 큰 도움이 된다.

안전한 여행지 100선

광역	지자체	관광지명	특징	체크
서울	종로	한양도성 순성길	북악산 → 인왕산 → 남산 → 낙산 총 18.2km, 10시간 소요, 4구간으로 나눠 걷기	
	종로	백사실계곡	백석동천, 이항복의 별장 터, 석파정 너럭바위, 도롱뇽, 버들치, 가재 등 서식	
	강서	서울식물원	마곡동, 축구장 70개 크기, 열린숲, 주제원, 호수원, 습지원, 국내 첫 도심형 식물원	
	서대문	안산 자락길	길이 7km, 2시간 소요, 메타세쿼이아 숲 추천, 무장애 데크 길, 서대문형무소, 독립문 연계	
	노원	경춘선 숲길	철길 산책로 6km, 1시간 30분 소요, 화랑대역에 철도공원, 불빛정원 조성	
	송파	몽촌토성	한성백제박물관, 위례성으로 추정, 백제고분군	
인천	강화	교동도 화개산	화개산, 교동읍성, 교동향교, 연산군 위리안치지, 대룡시장, 망향대, 신분증 지참	
	옹진	굴업도 개머리언덕	백패킹 성지, 덕물산 정상 전망 포인트, 개머리 초원 노을, 사슴 서식	
	옹진	장봉도 가막머리	가막머리전망대 노을, 하선 시 마을버스 탑승, 섬숲길 편도 3시간 30분 소요	
경기	포천	한탄강 주상절리	비둘기낭폭포 → 하늘다리 → 멍우리협곡 → 버룻교 → 부소천교 6km, 2시간 소요	
	포천	하늘아래 치유의숲	1일 2회 산림치유프로그램, 숲속의 방 대여, 시간당 4천 원, 어메이징파크 연계	
	포천	산정호수 둘레길	4km, 1시간 소요, 수변 데크 길, 조각공원, 최북단의 평강수목원, 명성산 억새	
	연천	임진강 평화습지원	연강갤러리, 태풍전망대, 두루미 조망대, 옥녀봉 그리팅맨, 두루미와 겨울 철새	
	가평	잣향기푸른숲	순환형 임도, 4km, 2시간 소요, 힐링센터 산림치유, 축령산 연계	
	양평	서후리숲	BTS 뮤직비디오 촬영지, 10만 평 비밀의 숲, 삼림욕 A코스(1시간), B코스(30분)	

광역	지자체	관광지명	특징	체크
경기	여주	영릉 왕의 숲길	효종과 세종을 연결하는 왕의 숲길 700m, 세종대왕 역사문화관	
	용인	청년김대건길	은이성지에서 미리내성지까지 총 10.3km, 4시간 소요, 숲길과 산길 등 4개 구간	
	화성	우음도	BTS 뮤직비디오 촬영지, 한국의 세렝게티, 송산 그린시티전망대, 공룡알 화석, 나홀로 나무	
	안산	대부도해솔길 구봉도	대부해솔길 1코스, 구봉도 낙조전망대, 선돌, 방아머리해수욕장	
	오산	물향기 수목원	'물과 나무와 인간의 만남'을 주제, 무장애 나눔길	
강원	춘천	구곡폭포	생태연못이 있는 문배마을까지 임도 트레킹, 겨울 빙벽대회	
	화천	동구래마을	연꽃단지 → 동구래마을까지 북한강 숲 산책로, 희귀 야생화 500종	
	철원	한탄강 물윗길	태봉대교 → 순담대교까지 8km, 3시간 소요, 부교길, 은하수다리, 고석정 꽃밭	
	횡성	횡성 호수길	총 6구간 중 제5구간 '가족길'이 뷰가 좋고 가장 인기(9km, 2시간 30분 소요)	
	인제	원대리 자작나무숲	입구에서 3.2km 임도, 자작나무 구간(0.9km) 치유 구간(1.5km)	
	원주	남한강 폐사지길	거돈사지에서 법천사지까지 차로 10분, 도보 4.3km, 오솔길, 지광국사탑	
	평창	육백마지기	6월 말 데이지 꽃밭, 일출·일몰·별 감상 작은 교회, 하트 포토존, 초입에 자작나무숲 산책로	
	정선	로미지안가든	치유와 성찰 테마, 치유의 숲, 금강송 산림욕장, 천공의 아우라 강추	
	정선	정암사 자장율사 순례길	정암사에서 적조암까지 3.9km, 수마노탑 국보 제332호, 열목어 서식지	
	태백	금대봉와 대덕산	한국의 〈사운드 오브 뮤직〉, 야생화 꽃밭, 국립공원관리공단에서 사전 탐방 예약(1일 300명)	
	고성	화진포 응봉숲길	거진항 → 응봉숲길 → 산림욕장 → 화진포해변 4.3km, 호수와 금강산 조망	
	속초	영랑호 둘레길	영랑호습지생태공원, 둘레길 7.8km, 2시간 소요, 범바위, 울산바위 조망	

광역	지자체	관광지명	특징	체크
강원	속초	상도문 돌담마을	설악산 초입, 스톤아트, 500년 전통마을, 카페 도문, 학무정	
	양양	몽돌소리길	물치항에서 후진항까지 왕복 6km, 나무 데크 길, 예술 조형물, 바다 전망대	
	양양	구룡령 옛길	양양의 갈천산촌체험학교에서 고개마루까지 2.7km, 2시간 소요, 야생화와 단풍	
	강릉	대관령 옛길	옛대관령휴게소 → 국사성황당 → 반정 → 주막 → 대관령박물관(총 9km, 4시간 소요)	
	동해	두타산 베틀바위	한국판 장가계, 무릉계곡 → 베틀바위 편도 1.5km, 1시간 소요, 미륵바위, 두타산성	
	삼척	미인폭포	통리협곡은 한국판 그랜드캐니언, 옥색 물빛	
	삼척	준경묘	입구에서 준경묘까지 1.8km, 30분 소요, 미인송 숲길, 인근 영경묘 연계	
충북	충주	하늘재	국내에서 가장 오래된 고갯길, 미륵사에서 고개까지 2km, 연아 닮은 소나무	
	충주	비내섬	〈사랑의 불시착〉 촬영지, 2~7.5km 걷기 코스, 남한강 갈대와 노을이 예쁨	
	괴산	갈론구곡	괴산의 오지, 갈천정, 강선대, 옥류벽, 금병 외 왕복 3시간 소요	
	제천	비룡담 한방 치유의 숲길	제2의 의림지, 솔밭공원, 데크 길 7.5km, 2시간 소요	
	제천	국립 제천 치유의 숲	치유센터, 치유숲길 4곳, 약초원, 산림치유프로그램	
	단양	온달산성과 온달관광지	온달관광지에서 온달산성까지 1시간 소요, 온달동굴, 고구려 세트장, 구인사 연계	
대전	대덕	계족산 황톳길	14.5km로 세계 최장 황톳길, 뻔뻔 음악회(토·일 14:30~15:30)	
	서구	장태산자연휴양림	메타세쿼이아, 숲속어드벤처, 출렁다리, 힐링숲길	
	유성	대전현충원 보훈둘레길	숲, 흙길, 호수 등 7개 코스, 전체 10km, 호국철도기념관	
충남	서산	황금산	기암괴석, 임경업 장군 사당, 코끼리 바위, 산행 2시간, 가리비 산지	
	태안	안면도 원산도	원산안면대교, 보령해저터널, 원산도해수욕장	

광역	지자체	관광지명	특징	체크
충남	청양	고운식물원	무늬원, 야생화원, 작약·모란원, 장미원, 튤립원 및 초본원 등 33개 주제원	
	홍성	죽도	남당항에서 3.7km 거리, 배 15분 소요, 죽도 일주 걷기 4.5km, 2시간 소요	
	예산	황새공원	황새문화관, 오픈장, 생태습지, 사육장, 자연방사, 황새 탐조대 관찰	
	서천	장항스카이워크	기벌포 해전전망대, 장항송림산림욕장, 높이 15m, 길이 250m	
세종	세종	국립세종수목원	도심형 수목원, 국내 최대 사계절 온실, 한국전통정원 외	
전북	진안	운일암반일암	기묘한 바위, 4월 진달래, 5월 철쭉, 여름 계곡, 국민여가캠핑장	
	완주	공기마을 편백나무숲	편백나무 10만 그루, 2km 편백숲 오솔길, 평상에서 힐링과 요가	
	익산	두동 편백나무숲	어린이 숲놀이터, 평상과 데크, ㄱ자 형태의 두동교회	
	임실	섬진강 구담마을	〈아름다운 시절〉 촬영지, 김용택 시인, 섬진강 전망대, 장구목 요강바위	
	고창	운곡 람사르습지	운곡습지생태길 고인돌에서 운곡서원까지 3.6km, 1시간 30분 소요	
	남원	지리산천년송	뱀사골 신선길, 와운마을, 천연기념물 제424호 500세 추정의 반송	
	군산	마파지길	해안 데크 길과 팔각정자까지 3km, 1시간 소요, 새만금방조제 포토존 드라이브	
광주	광주	광주호 호수생태원	호반걷기길, 판문점 도보다리 재현, 느티나무, 소쇄원, 식영정, 환벽당 외	
	광주	무등산 지질 트레일	도원명품마을 → 규봉암 → 장불재 → 입석대 → 서석대 5km, 3시간 소요	
전남	장성	옐로우 출렁다리	수변길, 옐로우 출렁다리+황금빛 출렁다리 왕복 4.4km, 1시간 30분 소요	
	영광	백수해안도로	백수읍 백암리 → 대신리 → 길용리 16.8km, 국도 77호선 해안 드라이브길	
	화순	세량제 생태공원	4월 15일경 연분홍 산벚꽃, 생태공원, 산책로, 삼나무, 해바라기	

광역	지자체	관광지명	특징	체크
전남	영암	기찬묏길 2구간	기찬랜드 → 도갑저수지 → 왕인박사유적지 → 용산천(10.9km, 3시간 소요)	
	장흥	보림사 청태전길	비자나무숲+야생차밭 600m, 20분 소요, 보림사 약수, 청태전차	
	고흥	거금도 생태숲	난대림의 보고, 하늘 데크 길, 원점회귀형 코스로 2.1km, 1시간 소요	
	목포	고하도 용오름길	충무공유적지 → 말바우 → 용머리 3.1km, 1시간 소요, 목화 재배지, 동굴, 목포해상케이블카	
	해남	달마고도	총 17.7km, 6시간 30분 소요, 기계를 사용하지 않고 손으로 조성한 에코 루트	
대구	달성	옥연지 송해공원	송해구름다리, 전망대, 금굴, 호수둘레길 3.5km, 1시간 소요	
	동구	옻골마을	경주최씨 집성촌, 전통한옥, 돌담길, 한옥스테이, 백불고택	
경북	상주	백화산 호국의 길	상주 옥동서원에서 영동 반야사까지 구수천(석천) 따라 6.6km, 2시간 소요	
	영주	국립 산림치유원	마실치유숲길 : 5.9km, 2시간 소요, 산림치유마을, 야생화, 백두대간	
	봉화	백두대간수목원	백두대간 자생식물원, 백두산 호랑이 숲, 산림 생태교육, 종로구 2배 크기	
	영양	죽파리 자작나무숲	입구에서 3.2km, 1시간 도보 후 숲이 나타남, 나무 12만 그루, 축구장 40개 넓이	
	안동	낙강물길공원	안동 비밀의 숲, 메타세쿼이아와 전나무, 수변 데크 길, 러브 테마, 한국의 지베르니 정원	
	울진	등기산스카이워크	바닥은 유리, 인어공주, 높이 20m, 길이 135m 후포근린공원 세계 유명 등대 모형 전시	
	울진	소광리 금강송림	할아버지송 → 전망대 왕복 3.4km, 2시간 소요, 금강송 에코리움 숙박 체험, 금강송테마전시관	
	포항	호미반도 해안둘레길	4코스 호미길, 대동배마을에서 호미곶광장까지 5.3km, 2시간 소요	
	영덕	벌영리 메타세쿼이아 숲	사유지 무료 개방, 힐링숲, 측백나무와 편백나무, 인생샷 명소	
	고령	지산동 고분군	200여 고분, 대가야왕릉전시관, 대가야박물관, 우륵박물관	

광역	지자체	관광지명	특징	체크
경북	울릉	행남 해안산책로	도동항 → 행남쉼터 → 행남등대 → 소라계단 → 촛대바위 2.6km, 1시간 30분 소요	
울산	동구	슬도 해안둘레길	슬도에서 대왕암까지, 벽화마을, 노을, 소리체험관 2.2km, 1시간 소요	
	중구	태화강 십리대숲	낮에는 대숲길, 밤에는 은하수길(야간 경관 조명)	
부산	해운대	해운대 장산	해운대 진산, 억새밭, 야경, 해운대역에서 장산까지 6km, 2시간 소요	
	사하구	다대포 생태탐방로	꿈의 낙조분수, 다대포 생태탐방로, 다대포 우유니 별명	
경남	합천	오도산 치유의 숲	해발 700m, 치유센터, 9km 힐링로드, 오도산전망대, 자연휴양림 숙박	
	거창	서출동류물길	월성마을 → 산수교 2.9km, 분설담 → 심동마을을 더하면 총 8.5km	
	의령	한우산 10리 숲길	해발 750m 숲길, 생태홍보관 → 호랑이 출몰지 → 홍의송 8km, 2시간 소요	
	산청	남사예담촌	원정매, 정당매, 남명매, 고매화 기행, 돌담길과 토담길, X자 회화나무	
	하동	구재봉자연휴양림	거북바위, 캐노피 브리지, 짚라인, 모노레일, 숲속의 새집, 트리하우스	
	고성	당항만 둘레길	이순신 장군 승전지, 거북선 해상보도교 → 당항포 3.5km, 왕복 1시간 30분 소요	
	거제	우제봉 전망대	난대림 보고, 해발 107m, 동백숲길, 해금강 비경, 전망대까지 왕복 2.4km, 1시간 소요	
	창원	저도 비치로드	1코스 해안선, 2코스는 해안선과 산길, 3코스는 용두산 정상, 바다 경치 탁월, 콰이강의 다리	
제주	제주	거문오름	정상코스 1.8km, 분화구코스 5.5km, 전체 코스는 10km, 3시간 30분 소요	
	제주	당산봉 수월봉	당산봉 제주 최고의 낙조 포인트, 자구네 포구 한치, 수월봉 해안절벽	
	서귀포	고살리 숲길	제주 곶자왈 숲, 효돈천 숲길, 생태숲, 왕복 4.2km, 2시간 소요	

색다른 여행지 50선

광역	지자체	관광지명	특징	체크
서울	종로	종각역 태양의 정원	햇빛을 고밀도로 모아 지하로 전송, 특수렌즈 통과해 자연채광	
	종로	산마루놀이터	건물은 골무를 형상화, 창신동 봉제업체 상징, 벌집, 흔들다리, 황토놀이터	
	용산	식민지역사박물관	일제강점기 전문 역사박물관, 침략사, 독립운동사, 민중현대사	
	서대문	홍제유연	물과 사람의 인연이 흘러 예술로 치유, 유진상가 아래 홍제천	
	송파	책박물관	책 전문 박물관, 건물 형태는 책이 빼곡히 꽂힌 모습	
	강서	국립항공박물관	항공역사와 산업, 생활 등 세 분야, 영상과 실물 크기 비행기 전시	
인천	강화	티앤림 자연휴양림	휴양림 속 레포츠. 짚라인 5개 코스, 클라이밍, 어드벤처, 고카트	
	강화	강화루지	강화씨사이드 리조트 1.8km 루지, 관광 곤돌라, 회전 전망대 낙조, 테마산책로	
경기	의정부	의정부 미술도서관	국내 최초 미술 전문 도서관, 한국건축문화 대상, 나선형과 곡선이 물 흐르듯 하는 형상	
	연천	재인폭포 출렁다리	재인폭포 전망포인트, 총길이 80m, 2.5km 산책로, 가을 100만 송이 국화	
	시흥	웨이브파크	세계 최대 인공 서핑장, 겨울에도 15~17도 유지, 시간당 1천 번 파도	
	부천	한국만화박물관	만화 도서관, 만화 그리기 체험, 옛날 만화가게와 동네 재현	
	오산	소리울도서관	'소리를 감싼 울타리'의 줄임말, 전국 유일의 악기 도서관, 악기 관련 서적, 악기 전시, 대여, 체험	
강원	춘천	강아지숲 테마파크	3만 평 규모 반려견 테마파크, 박물관, 강아지를 위한 숲, 산책로, 운동장 외	
	원주	종이도서관	서가, 테이블 등 가구를 종이로 제작, 원주 한지테마파크 내	

광역	지자체	관광지명	특징	체크
강원	횡성	횡성 루지체험장	국내 최장 2.4km 트릭아트, 괴물나무, 우주터널, 이상한 나라 구간 외 42번 국도 활용	
	영월	젊은달 와이파크	무한한 우주의 공간을 미술작품으로 표현, 2020년 한국 관광의 별 수상	
	평창	효석달빛언덕	달빛나귀전망대, 이효석생가, 근대문학체험관, 달빛언덕, 평양의 집	
	속초	칠성조선소	조선소를 카페로 재구성, 2층 청초호 뷰, 레트로, 야외 테라스	
충북	제천	용추폭포 유리 전망대	의림지 내 용추폭포, 센서를 통과하면 불투명 유리가 투명으로 바뀜, 폭포 위 산책	
	충주	맥타가트 도서관	산골 폐교를 캠핑장 겸 도서관으로 개조, 어린이 도서관 6천 권	
충남	서천	장암 도시탐험역	장항선 종점, 문화관광플랫폼, 장항의 역사 전시, 핑크색 도시탐험카페	
	논산	탑정호 출렁다리	600m 국내 최장, 야간 경관 음악분수, 계백 조형물, 탑정호수변생태공원	
세종	세종	국립세종도서관	건물은 책장을 펼친 듯한 모습, 지상 4개 층은 세종호수 조망	
전북	완주	산속등대	제지 공장을 살린 복합문화공간, 슨슨카페, 야외 공연장, 개구리 놀이터	
	순창	채계산 출렁다리	국내 최장 무주탑 산악 현수교, 길이 270m, 높이는 75~90m, 어드벤처전망대, 유채꽃, 보리밭	
광주	동구	전일빌딩 245	금남로 최초 10층 건물, 245는 5·18 탄흔 개수, 옥상전일마루에서 조선대와 무등산 조망	
전남	나주	마중 3917	1939년 고택, 2017년 복합문화공간으로 재탄생, 아수라 은행나무, 카페, 게스트하우스	
	신안	무한의 다리	길이 1,004m, 곡선으로 디자인, 마치 바다로 빨려 들어가는 느낌	
	해남	포레스트 수목원	4est, 인문학과 수목원의 만남, 국내 최대 8,000그루 수국정원, 명품 숲	
	목포	목포 스카이워크	길이 54m, 바다 위 15m, 야간 목포대교, 케이블카, 삼학도 유람선 조망	
	여수	여수 고흥 연륙교	여수와 고흥간 교량, 조발도, 둔병도, 낭도, 적금도 섬 4개, 해상교량 4개	

광역	지자체	관광지명	특징	체크
대구	중구	수창청춘맨숀	낙후된 아파트를 개조해서 만든 미술관, 청년 예술가 미술작품, 대구예술발전소 연계	
경북	문경	문경 생태미로공원	도자기 미로, 연인의 미로, 돌미로, 생태미로, 측백나무로 조성	
	예천	소백산 하늘자락공원	치유의 길, 소백산 하늘전망대, 어림호 상부댐, 황금 봉황, 용문사와 연계	
	영덕	문산호 호국전시관	장사상륙작전, 문산호 실물 크기로 재현, 학도병 등 참전용사 718명, 장사해수욕장	
	포항	이가리 닻 전망대	하늘에서 보면 닻 모양의 전망대, 전망대는 독도를 향하고 있음	
울산	중구	애니언파크	반려동물 문화센터, 애견 운동장, 애견 놀이터, 대형견 가족쉼터	
부산	해운대	블루라인파크 해변열차	미포, 청사포, 다릿돌전망대, 구덕포, 송정 총 4.8km, 동해남부선 활용	
	서구	송도 용궁구름다리	길이 127m, 동섬 연결, 바다 위를 걷는 느낌, 현수보행교	
경남	거창	우두산 출렁다리	Y자 출렁다리, 3개의 다리는 교각 없이 공중에서 만남	
	하동	하동 짚와이어	금오산 정상(849m)에서 시속 120km, 길이 3,186km로 동양 최장 짚와이어	
	남해	설리 스카이워크	길이 79.4m, 폭 4.5m, 주탑 높이 36.3m, 비대칭형 교량, 짜릿한 스윙그네	
	남해	보물섬전망대	오션스카이워크 체험, 레일에 로프를 연결해 유리 바닥 산책	
	통영	빛의 정원 디피랑	'디지털피랑'의 줄임말, 남망산공원 1.5km 구간, 미디어아트 15작품 구성	
	통영	욕지도 모노레일	연화도, 우도, 국도 등 한려수도 경관, 950여m 해안산책로, 출렁다리	
	거제	거제 정글돔	국내 최대 돔형 유리 온실, 7,500장 유리, 1만 그루 열대식물, 인공 폭포, 빛 동굴	
	거제	거제 숲소리공원	푸른 초원, 양 떼, 가축 방목장, 가족 산책로 추천	
제주	제주	아르떼뮤지엄	국내 최대 몰입형 미디어아트전시관, 영원한 자연 소재, 강력한 사운드	
	서귀포	빛의 벙커	클림트, 고흐 등 거장의 미술작품을 빔 프로젝터와 스피커를 이용해 재탄생	

인생샷 & 포토존 명소 100선

광역	지자체	관광지명	특징	체크
서울	종로	종묘 정전	정전 남문 계단에서 광각 렌즈 촬영, 종묘제례 시 제례복식 행사	
	종로	돈의문마을 벽화	3·1운동 100주년 기념 태극기 옆에서, 뻥튀기 아저씨 벽화, 오락실 어머니 벽화	
	중구	정동전망대	덕수궁 조망, 서울시 서소문청사 13층 카페 다락, 음료 2천 원, 09:00~18:00 운영	
	중구	동대문 디자인플라자	미래로 진입로, 나선형 구조 계단, 동굴 계단, 어울림광장, LED 장미정원	
	마포	하늘공원	노을, 억새, 핑크뮬리 등 꽃밭, 하늘을 담는 그릇전망대, 대형 액자전망대, 성산대교 야경	
	송파	올림픽공원	나홀로 나무 액자 포토존, 몽촌토성 벚나무 산책로, 평화의 문, 엄지손가락	
경기	구리	구리타워	100m 높이의 전망대와 하늘갤러리, 한강, 아차산, 구리 시내 조망, 회전G레스토랑, 야경이 좋음	
	양주	장욱진 미술관	김수근 건축상 수상, 미술관, 내부 전시관, 미술작품과 함께 하는 야외 산책로	
	양주	일영역 폐역	BTS 〈봄날〉 뮤직비디오 촬영지, 열차 표지판, 뷔가 열차를 기다리는 장면, 광장 대합실	
	포천	허브아일랜드	백설공주와 미녀와 야수 등 동화나라, 산타마을 허브꽃밭, 옥이네 이불 포토존	
	양평	구둔역 폐역	일제강점기 철도역사, 감성사진 명소, 고백의 정원, 〈건축학개론〉 촬영지, 행운의 시간	
	연천	호루고루성	북한에서 제작한 광개토대왕릉비(실물 크기), 여름 해바라기, 곡선의 하늘계단, 임진강 조망	
	시흥	갯골생태공원	22m, 6층 목조 흔들전망대, 갯골액자포토존, 소금창고, 보트 화분	
	이천	예스파크	회전교차로, 15단 달 항아리, 흙으로 빚은 달, 3층 기타 건물인 세라기타문화관, 카페 웰콤	
	수원	방화수류정과 화홍문	해 질 무렵 용연에서 바라본 방화수류정과 동북각루, 철쭉, 버드나무와 화홍문	

광역	지자체	관광지명	특징	체크
경기	수원	광교호수공원 야경	프라이부르크 전망대, 3km, 1시간 소요, 원천호수 남단 둑이 사진 포인트, 호수에 비친 마천루	
강원	원주	뮤지엄 산	안도 다다오 작품, 플라워가든, 아치웨이, 연못 카페 테라스, 스톤가든, 노출 콘트리트 복도	
	평창	육백마지기 마가렛	풍력발전기와 6월 말 마가렛 꽃밭, 작은 교회, 무지개의자, 하트 포토존, 자작나무숲	
	평창	발왕산 스카이워크	스카이워크 끝이 포토존, 일몰, 정상까지 20분 소요, 09:00~19:00 운영, 무지개의자 포토존	
	영월	요선암 돌개바위	올록볼록 엠보싱 바위, 선녀의 목욕탕, 무릉리 마애여래좌상	
	영월	젊은달 와이파크	우주 정원, 나무 파편을 활용한 우주 통로, 붉은 대나무숲, 목성 외	
	정선	만항재 하늘숲정원	만항재 산상의 화원, 여름 야생화군락, 겨울 전나무숲 설경, 하늘숲정원, 나비 포토존	
	고성	화진포 응봉	응봉에서 바라본 금강산과 하트 모양의 화진포 호수와 동해, 미인송 군락	
	고성	화암사와 신선대	신선대는 울산바위 조망 포토존, 성인대, 낙타바위, 화암사에서 바라본 수바위	
	고성	설악비치 2층버스	빨간색 런던 2층버스와 러브 의자 포토존, 캔싱턴설악비치 해변, 설악산 조망	
	강릉	안반데기 배추밭	멍에전망대는 은하수와 야경, 일출전망대는 일출과 운무, 호루포기전망대는 거대한 배추밭 조망	
	강릉	주문진 방사제	영진해변 〈도깨비〉 촬영지, 세븐일레븐 뒤쪽에 벽화 포토존, 향호해변 BTS 버스정류장	
	동해	베틀바위	한국판 장가계, 무릉계곡 → 베틀바위 편도 1.5km, 1시간 소요, 미륵바위, 두타산성	
	삼척	초곡 촛대바위	제1전망대 탐방로와 바다 조망, 촛대바위, 피라미드 바위, 거북바위	
충북	제천	비봉산과 청풍호	케이블카에서 바라본 청풍호, 액자 포토존, 하트 전망대, 청풍명월 초승달	
	단양	만천하스카이워크	유리 전망대에서 바라본 남한강, 전망대 오르는 원형 데크 길, 단양잔도	
	단양	카페 산	단양 패러글라이딩 활공장 옆에 위치, 남한강의 물돌이동을 볼 수 있음	

광역	지자체	관광지명	특징	체크
충북	충주	중앙탑 포토존	우륵의 가야금, 나는 웨딩카, 무지개 뜨는 러브레터, 야간 달과 별, 하트게이트	
	증평	자전거공원	미니어처 건물, 만화 속 세상 구현, 최고의 포인트는 미니 철길	
	영동	월류봉	절벽 위 월류정, 물안개 피어오르는 새벽, 월류봉광장 달 포토존, 여울소리길	
대전	대전	장태산자연휴양림	스카이타워에서 내려다본 데크 길, 전망대에서 본 메타세쿼이아 숲과 출렁다리	
충남	공주	연미산 자연미술공원	숲속에서 즐기는 미술작품, 곰 조형물, 노아의 방주, 원두막 등 전 지역이 포토존	
	부여	성흥산 사랑나무	400년 느티나무를 양면 합성하면 하트 모양, 해 질 무렵 실루엣, 금강 전망포인트	
	서산	용비지 호수 반영	한국의 스위스, 호수 반영, 벚꽃, 내비게이션은 용유지 주차장, 포토존까지 도보 30분, 사유지	
	서산	문수사 왕벚꽃	왕벚꽃, 연산홍 4월 20일경, 문수사 일주문 일대, 개심사는 연못 외나무다리, 명부전 돌창고	
	태안	안면도 운여해변	길게 늘어진 해송이 자연 호수에 반영, 일명 운여솔섬, 해 질 무렵 밀물 때 포인트	
	태안	천리포수목원	1천여 종 목련, 가시주엽나무, 부탄소나무, 낭새섬을 마주하고 있는 천리포 해변	
	서천	판교 레트로 거리	레트로 거리, 빛바랜 간판, 장미사진관, 동일주조장, 판교극장, 수정냉면, 스탬프 투어	
전북	전주	전주향교 은행나무	11월 첫째 주 단풍 절정, 대성전 서쪽 은행나무(420 년), 명륜당 은행나무(《구르미 그린 달빛》 촬영지)	
	완주	아원고택 만휴당	BTS 화보 촬영지, 만휴당 대청마루, 연못에 반영된 하늘 풍경, 오스갤러리 BTS 소나무	
	익산	미륵사지 탑	미륵사지 연못에 비친 동서탑과 나무와 꽃 반영, 해 질 무렵이 좋음	
	익산	고백스타 포토존	익산아트센터 내, 설레임 방, 사랑의 감옥, 선물의 방, 기묘한 데이트, 사랑의 등기소 외	
	진안	운일암반일암	무지개다리 포토존, 도덕정에서 본 대불바위, 메타세쿼이아 가로수와 구봉산 9개 봉우리	
	진안	천반산 U자 곡류	죽도 지나 고개마루, 천반산 전망대, U자형 곡류하천, 가막리들	

광역	지자체	관광지명	특징	체크
전북	무주	덕유산 향적봉	겨울 눈꽃과 상고대 및 백두대간 산세 감상, 향적봉 정상, 봄 철쭉 군락, 관광 곤돌라 운행	
	고창	병바위	술병이 꽂힌 모양, 이승만 바위, 소반바위, 고창군 아산면 영모정길 88번지	
	군산	고군산군도	쥐똥섬 달 포토존, 대장도전망대, 대봉전망대, 신시도 대각산전망대, 국립신시도자연휴양림	
	부안	채석강 해식동굴	썰물 때 노을이 물들 때 동굴 안쪽에서 바깥 촬영, 격포항에서 진입, 닭이봉 전망대	
전남	영광	법성포 물돌이	대덕산에서 바라본 법성포 물돌이와 가을 들녘, 바위 전망 포인트, 도보 15분	
	신안	암태도 노만사	추포도 가는 길, 일몰 포인트, 신안의 섬 조망, 와불바위, 오리바위, 노만사 송악	
	신안	임자도 대광해수욕장	풍차 조형물, 4월 중순 100만 송이 튤립, 말 조형물, 파라솔과 선베드, 임자대교 개통	
	목포	보리마당	서산동 보리마당, 어상자 벤치 포토존, 바다 전망대, 다순구미마을, 할매집(가맥), 연희슈퍼	
	해남	도솔암 낙조	산신각에서 바라본 도솔암, 낙조 강추, 도솔봉 주차장에서 600m, 도보 20분 소요	
	진도	세방낙조	섬 사이로 떨어지는 일몰, 황금빛 노을, 기묘한 섬 조망, 솟대를 배경 삼아 노을 풍경	
	강진	백련사길	다산초당 → 백련사 800m 인문학의 길, 200~300년 동백나무 1,500그루 3월 말~4월 초 절정	
	구례	사성암	오산 활공장 노을, 약사유리광전에서 본 섬진강, 돌담배례석에서 본 지리산 능선, 〈더 킹〉, 〈추노〉 촬영지	
	순천	선암사 승선교	승선교 아치 속에 강선루, 선암사 해우소, 각황전 돌담길, 650년 수령의 누운 소나무	
	광양	구봉산 전망대	구봉산에서 바라본 이순신대교와 포스코, 광양부두, 여수화학단지, 메탈아트봉수대	
	장성	황룡강변	황룡강변, 봄에는 홍길동무 꽃길 축제, 가을에는 노란꽃 축제, 거대한 해바라기밭	
경북	문경	단산 활공장	단산에서 바라본 백두대간, 산악형 모노레일 35분, 활공장, 그네, 달 포토존	
	성주	성밖숲 왕버들나무	500년 왕버들, 4월 연둣빛 왕버들나무와 8월 보랏빛 맥문동, 참외 포토존 외	

광역	지자체	관광지명	특징	체크
경북	경주	화랑의 언덕	명상바위는 이효리 극찬 핫스폿, 거인 의자 포토존, 어린 왕자와 별 포토존, 전망대	
	경주	경북 산림환경연구원	인생샷 포인트, 주차장 뒤쪽 습지원에 통나무다리 포토존, 줄 서서 찍음	
	경주	양남 주상절리	주름치마 또는 부채꼴 형태, 읍천항에서 하서항 사이 1.5km, 주상절리 파도소리길	
	영덕	창포말등대	대게 발 모양의 등대, 블루로드 B코스인 푸른 대게의 길, 야생화, 야간 무지개 조명	
	안동	만휴정 나무다리	〈미스터 션샤인〉 나무 다리 명장면, 나무 다리 뒤쪽 암반이 포인트, 주차장에서 도보 10분	
	경산	반곡지 왕버들	300년 수령 왕버들 데칼코마니, 제2의 주산지, 4월 초 복사꽃, 데크 산책로	
	울릉	삼선암	공암과 관음도 쌍굴과 함께 울릉도 3대 비경, 삼선암 앞 해안도로가 포인트	
부산	사하구	장림포구	일명 부네치아, 분홍빛 노을, 전망대 옥상 루프톱 카페에서 바라본 가덕도와 컬러 어창	
	부산진	황령산 봉수대	금련산 청소년수련원 부근 불꽃놀이 사진 포토존, 황령산 봉수대 전망쉼터 카페, 야경 추천	
	해운대	마린시티 야경	동백공영주차장에서 바라본 해운대 고층 아파트 반영, 더베이 101 2층 조명 의자	
	남구	오륙도 스카이워크	말발굽형 U자형 전망대, 절벽 끝, 바닥은 유리, 영화 〈해운대〉 촬영지, 대마도 조망	
	기장	죽성성당	드라마 〈드림〉 세트장, 유럽의 바닷가 성당 느낌, 성당과 등대, 북쪽 바위가 사진 포인트	
	기장	안데르센 동화마을	기장군 장안읍 도예관광힐링촌 내, 18세기 바로크 양식 안데르센 정원, 동화 산책로	
경남	창녕	우포늪 생태공원	새벽 물안개 나룻배, 우포늪 생태공원에는 아이들을 위한 포토존, 산토끼노래공원	
	합천	합천영상테마파크	1920~1980년 시대 배경 오픈 세트장, 의상 유료 대여, 청와대 세트장 외	
	밀양	꽃새미마을	장승과 어우러진 108 돌탑, 허브꽃밭, 참샘허브네 포토존, 농경유물전시관, 뽀로로 포토존	
	하동	정금차밭	정면에 섬진강과 백운산, 뒤쪽에 지리산이 보이는 절경 포인트, 차밭과 팔각정	

광역	지자체	관광지명	특징	체크
경남	하동	스타웨이 하동	섬진강과 평사리 들판을 한눈에 조망할 수 있는 전망 포인트, 별 모양 건물, 건축 대상	
	고성	상족암 해식동굴	해식동굴에서 바다를 배경 삼아 실루엣, 바로 옆에 공룡 발자국, 상족암 공룡길	
	고성	학동마을 돌담길	납작돌과 황토로 돌담 조성, 인생샷 명소, 카페 학동갤러리에 그네 포토존, 죽녹원	
	사천	무지개해안도로	무지개 난간석 상하 합성하면 인생사진, 대포항 여인상 포토존, 실안 노을, 선상카페 씨맨스	
	거제	매미성	농작물 보호를 위해 쌓은 성, 바다 전망대와 꽃 벽면이 포토존, 몽돌해변, 주차장에서 5분	
	거제	근포마을 동굴	일제강점기 포진지 동굴, 동굴 하트 형태, 실루엣 인생샷, 수국축제, 구천저수지 비경	
	마산	해양 드라마 세트장	드라마나 영화의 해상과 포구 촬영지, 언덕에 포토존 조성, 파도소리길 1.7km	
	김해	대성동 고분군	노을이 물든 하늘은 보라색, 영화 〈라라랜드〉 분위기, 제주 오름 느낌, 실루엣 사진	
제주	제주	이호테우해변	제주를 상징하는 조랑말 등대, 일몰 포인트, 원시 어업 원담, 무지개해안도로	
	제주	성이시돌목장 테쉬폰	자연재해 대비를 위해 조가비 형태, 나홀로 나무, 우유갑 조형물, 이국적 사진	
	제주	오라동 유채꽃	봄 유채와 청보리밭, 가을에는 메밀밭, 소나무 포토존, 한라산 배경, 말 조형물, 빨간 의자	
	제주	더럭초등학교	장 필립 랑클로의 작품, 학교 벽면에서 인생샷, 여름 연화지에는 수련과 홍련	
	서귀포	광치기해변	제주 일출 포인트, 성산 일출봉 반영, 옆모습 실루엣, 카페 호랑호랑 작은 배 포토존	
	서귀포	오설록 티뮤지엄	추사 김정희의 벼루를 모티브 삼은 건물, 서광다원의 초록 차밭에서 인생샷	
	서귀포	보롬왓	튤립, 청보리, 유채, 메밀, 핑크뮬리, 설경 등 사계절 꽃이 핀다. 삼색버드나무, 나홀로 나무	
	서귀포	용머리해안	해식동굴 포토존, 책 형태의 지형, 하멜상선전시장, 이국적 바다 산책로	
	서귀포	방주교회	노아의 방주 형상화, 재일교포 이타미 준 작품, 배가 전진하는 모습	

한국에서 즐기는 해외여행지 22선

국명	해외여행지	국내 대체 여행지	위치	내용	체크
호주	골드코스트	옥계휴게소	강릉	동해고속도로 상행선, 화장실에서 바다 조망, 옥계해변과 망상해변	
몽골	고비사막	신두리 사구	태안	바람과 모래, 국내 최대 해당화 군락지, 40분/60분/120분 산책 코스	
말레이시아	코타키나발루	세방낙조	진도	국내 최고 낙조 포인트, 기묘한 섬 감상, 동석산 산행, 송가인 집	
베트남	하롱베이	통영수산과학관	통영	주차장에서 학림도, 송도, 저도 등 섬 조망, 일출, 일몰 가능, 근처 달아공원	
파키스탄	간다라	백제 불교 최초 도래지	영광	법성포, 간다라 양식의 유물관, 국내 유일 4면 불상, 숲쟁이 화원	
아시아	아시아 전통 가옥	국립 아세안 자연휴양림	양주	태국, 베트남 등 아세안 10개국 전통 가옥 14동, 아시아 문화 체험	
아시아	동남아풍 석탑	상소동삼림욕장	대전	동남아 분위기의 이색적인 돌탑, SNS 명소, 겨울 얼음 조각, 산책로	
네팔	안나푸르나 트레킹	한라산 영실, 윗세오름	제주	고산 트레킹, 초원과 철쭉 군락	
몰디브	몰디브	우도 산호사해수욕장	제주	팝콘 모양의 홍조단괴 때문에 코발트 바다색, 토사 유입이 없어 물이 맑음	
중국	장가계	두타산 베틀바위	동해	무릉계곡 → 베틀바위 편도 1.5km, 1시간 소요, 미륵바위, 두타산성	
중국	운남 석림	동해 추암 능파대	동해	기암괴석이 하늘을 찌르고 있음, 해암정과 추암 촛대바위	
홍콩	침사추이 빌딩 숲	광교호수공원	수원	프라이부르크 전망대, 3km, 1시간 소요, 원천호수 남단 둑이 사진 포인트	
일본	아이노시마 고양이 섬	쑥섬 고양이 섬	고흥	한국 최초의 고양이 섬, 380여 종 꽃, 한국관광 100선 선정	

국명	해외여행지	국내 대체 여행지	위치	내용	체크
일본	교토	**인천 개항장 거리**	인천	인천 제18국립은행, 일본인 거주지, 인력거, 아트플랫폼, 금마차다방	
이탈리아	베네치아 무라노섬	**부네치아 장림포구**	부산	어창을 컬러풀하게 꾸밈, 루프톱 카페, 선셋전망대 등 해 질 무렵 풍경이 좋음	
이탈리아	베네치아 곤돌라	**허브아일랜드 베네치아마을**	포천	곤돌라 배 타고 유람, 지중해 동화나라, 산타마을 등 유럽 체험	
네덜란드	큐켄호프	**임자도 튤립공원**	신안	300만 송이 임자도 튤립공원, 풍차, 12km 대광해수욕장, 임자대교 연결	
독일	뮌헨 독일 맥주	**남해 독일마을**	남해	독일식 건물 40채, 독일문화체험, 맥주, 소시지, 빵 등 독일음식체험, 파독 광부	
스위스	알프스 초원	**지리산 치즈랜드**	구례	치즈랜드에서 바라본 지리산호수공원, 인스타 명소, 유제품 만들기 체험	
미국	금문교	**남해대교**	남해	남해 랜드마크, 금문교와 모양과 색깔이 유사, 남해각 전시관, 이락사	
미국	뉴욕 센트럴파크	**송도 센트럴파크**	인천	국내 최초 해수공원, G타워 33층 전망대, 송도 한옥마을, 수상택시	
미국	하와이 와이키키	**양양 서퍼비치**	양양	하조대 해안길, 서핑 전용 해변, 이국적인 프라이빗 비치, 펍